艺术与设计学科博士文丛

山东省高水平学科『高峰学科』建设项目

总主编 潘鲁生

主编 董占军

筑光寻技

家具商业展示空间光环境研究

梅剑平／著

山东教育出版社·济南

图书在版编目（CIP）数据

筑光寻技：家具商业展示空间光环境研究 / 梅剑平
著 . 一济南：山东教育出版社，2022.11
（艺术与设计学科博士文丛 / 潘鲁生总主编）
ISBN 978-7-5701-2364-3

Ⅰ.①筑… Ⅱ.①梅… Ⅲ.①家具－陈列设计－照明
设计－研究 Ⅳ.①TS664

中国版本图书馆CIP数据核字（2022）第204306号

YISHU YU SHEJI XUEKE BOSHI WENCONG

ZHUGUANG XUNJI——JIAJU SHANGYE ZHANSHI KONGJIAN GUANGHUANJING YANJIU

艺术与设计学科博士文丛　　　　　　　潘鲁生/总主编　　董占军/主编

筑光寻技——家具商业展示空间光环境研究　　　　　　　　梅剑平/著

主管单位：山东出版传媒股份有限公司
出版发行：山东教育出版社
　　　　　地址：济南市市中区二环南路 2066 号 4 区 1 号　　邮编：250003
　　　　　电话：（0531）82092660　　网址：www.sjs.com.cn
印　　刷：山东新华印务有限公司
版　　次：2022 年 11 月第 1 版
印　　次：2022 年 11 月第 1 次印刷
开　　本：710 毫米 × 1000 毫米　1/16
印　　张：14
字　　数：225 千
定　　价：49.00 元

（如印装质量有问题，请与印刷厂联系调换）印厂电话：0534-2671218

总序

时光荏苒，社会变迁，中国社会自近现代以来经历了从农耕文明到工业文明、从自给自足的小农经济到市场化的商品经济等一系列深层转型和变革，人们的生活方式、思想文化、消费观念、审美趣味也随之变迁。艺术与设计是一个具体的领域、一个生动的载体，承载和阐释着传统与现代、历史与未来、文化与科技、有形器物与无形精神的交织演进。如何深入地认识和理解艺术与设计学科，厘定其中理路，剖析内在动因，阐释社会历史与生活巨流形之于艺术与设计的规律和影响，不断回溯和认识关键的节点、重要的因素、有影响的人和事以及有意义的现象，并将其启示投入今天的艺术与设计发展，是艺术与设计专业领域学人的责任和使命。

当前，国家高度重视文化建设，习近平总书记深刻阐释并强调"坚持创造性转化、创新性发展，不断铸就中华文化新辉煌"，从中华民族伟大复兴的历史意义和战略意义上推进文化发展。新时代，艺术与设计以艺术意象展现文脉，以设计语言沟通传统，诠释中国气派，塑造中国风格，展示中国精神，成为传承发展中华优秀传统文化的重要桥梁；艺术与设计求解现实命题，深化民生视角，激发产业动能，在文化进步、产业发展、乡村振兴、现代城市建设中发挥重要作用，成为生产性服务业和提升国家文化软实力的重要组成部分。关注现实发展的趋势与动态，对艺术与设计做出从现象到路径与规律的理论剖析，形成实践策略并推动理论体系的建构与发展，探索推进设计教育、设计文化等方面承前启后的深层实践，也是艺术与设计领域学者和教师的使命。

山东工艺美术学院是一所以艺术与设计见长的专业院校，自1973年建校以来，经历了工艺美术行业与设计产业的变迁发展历程，一直以承传造物文脉、植根民间文化、服务社会发展为己任。几十年来，在西方艺术冲击、设计潮流迭变、高等教育扩展等节点，守初心，传文脉，存本质，形成了赓续工艺传统、发展当代设计的办学理念和注重人文情怀与实践创新的教学思路。在新时代争创一流学科建设的历史机遇期，更期通过理论沉淀和人文荟萃提升学校办学层次与人才质量，以守正出新的艺术情怀和匠心独运的创意设计，为新时代艺术与设计一流学科建设提供学术支撑，深化学科内涵和文化底蕴。

鉴于上述时代情境和学校发展实践，我们策划推出这套《艺术与设计学科博士文丛》系列丛书，从山东工艺美术学院具有博士学位的专业教师的博士学位论文中，精选20余部，陆续结集出版，以期赓续学术文脉，夯实学科基础，促进学术深耕，认真总结和凝练实践经验，不断促进理论的建构与升华，在专业领域中有所贡献并进一步反哺教学、培育实践、提升科研。

艺术与设计具有自身的广度和深度。前接晚清余绪，在西方艺术理念和设计思潮的熏染下，无论近代初期视觉启蒙运动中图谱之学与实学实业的相得益彰、早期艺术教育之萌发，还是国粹画派与西洋画派之争，中国社会思潮与现代艺术运动始终纠葛在一起。乃至在整个中国革命与现代化建设进程中，艺术创新与美术革命始终同国家各项事业的发展同步前行。百多年来，前辈学人围绕"工艺与美术""艺术与设计"及"艺术与科学"等诸多时代命题做出了许多深层次理论探讨，这为中国高等艺术教育发展、高端设计人才培养以及社会经济、文化事业的发展提供了必不可少的人才动力。在社会发展进程中，新技术、新观念、新方法不断涌现，学科交叉不单为学界共识，而且已成为高等教育的发展方向。设计之道、艺术之思、图像之学，不断为历史学、文艺学、民俗学、社会学、传媒学等多学科交叉所关注。反之，倡导创意创新的艺术价值观也需要不断吸收和汲取其他学科的文化精神与思维范式。总体来讲，无论西方艺术史论家，还是国内学贤新秀，无不注重对艺术设计与人类文明演进的理论反思，由此为我们打开观察艺术世界的另一扇窗户。在高等艺术教育领域，学科进一步交叉融合，而不同专业人才的引入、融合、发展，极大地促进和推动了复合型人才培养，有利于高校适应社会对艺术人才综合素养的期望和诉求。

基于此，本套《艺术与设计学科博士文丛》以艺术与设计为主线，涉及艺术学、设计学、文艺学、历史学、民俗学、艺术人类学、社会学等多个学科，既有纯粹的艺术理论成果，也有牵涉不同实践层面的多维之作，既有学院派的内在精覃之思考，也有面向社会、深入现实的博雅通识之著述。丛书集合了山东工艺美术学院新一代青年学人的学术智慧与理论探索。希冀这套丛书能够为学校整体发展、学科建设、人才培养和文脉传承注入新的能量和力量，也期待新一代青年学人茁壮成长，共创一流，百尺竿头，更进一步！

潘鲁生

己亥年冬月于历山作坊

前言

　　本书从照明方式、光源强度和色温等多种因素展开对家具商业展示空间光环境氛围的研究，研究主要分为调查研究和实验研究两部分，在实验研究基础上，提出了家具商业展示空间光环境"氛围量化"设计方法，并通过实例进行方法实践。本研究主要得出以下结论：

　　（一）通过对家具商业展示空间光环境实测发现：就亮度对比而言，局部亮度对比度决定了顾客视觉满意度水平，对比度越高越满意；就亮度水平而言，表面浅色、高反射率的家具需要亮度水平较低，而表面深色、吸光面料的家具需要亮度水平相对较高；就亮度分布而言，整体空间的亮度分布主要集中在家具产品上，家具产品自身的亮度分布依据家具造型不同而有所差异，高型家具亮度区域主要集中在垂直面上，而中低型家具则主要分布在水平面上；就照明方式选取而言，环境照明、重点照明是商家常用且顾客满意的照明方式。

　　（二）家具商业展示空间视知觉特征因素的因子分析结果表明：整体空间亮度水平及分布与家具展示区域的局部亮度对比度是对被试满意度贡献率最大的两个因子，其贡献率之和接近50%，其次是地面亮度因素，最后是光色和顶面照明，同时发现垂直面照明在照明方式中占有重要位置。

（三）让29名被试（15男、14女）对模拟的家具商业展示空间环境氛围进行主观评价，调查问卷包含"空间表象""空间观感""喜好性"和"商业气氛"四个指标。

"空间表象"问卷的结果分析显示：无论是在单一光源照明条件下，还是在混合光源照明条件下，被试都能够区别光源不同的强度和色温以及不同的照明方式（光分布）。刺激性与空间整体亮度水平和亮度分布有关，当亮度分布非均匀且亮度水平较高时，刺激性较大。此外还发现，在环境照明方式下，相对于男性，女性对环境感觉到的色温要低，光分布要均匀。

"空间观感"问卷的结果分析显示：无论是在单一光源照明条件下，还是在混合光源照明条件下，公共性和开阔性与色温、强度和照明方式都有关系，光源的高色温、高强度和环境照明方式有助于增加空间的开阔性，光源的低强度和重点照明方式有助于增加空间的私密感。

"喜好性"问卷的结果分析显示：被试的"喜好性"因照明种类的不同而有所差异。在单一光源照明条件下，评价"喜好性"指标三项内容的内部一致性较高，可以进行概括描述，即被试较喜欢低色温、高强度照明条件；在混合光源照明条件下，对"喜好性"指标中的评价项目"美丽感"和"吸引力"而言，被试较喜好亮度分布非均匀且局部亮度对比度较高的照明条件。

"商业气氛"问卷的结果分析显示：空间的"商业气氛"因照明种类的不同而有所差异。在单一光源照明条件下，评价"商业气氛"指标三项内容的内部一致性较高，可以进行概括描述，即低色温、高强度照明条件下"商业气氛"较好。在混合光源照明条件下，在整体亮度分布非均匀的前提下，局部亮度对比度较大或者整体亮度水平较高都可以造成"昂贵"的氛围；"购买欲"只与整体亮度分布有关，亮度分布越不均匀，被试越有购买欲；"生动感"只与局部亮度对比有关，对比度越大则空间氛围越显得生动。

（四）在实验研究基础上，提出了"氛围量化"光环境设计方法，分析了该方法的实现途径，并进行了设计实践。

（五）从产品因素角度进一步探讨家具商业展示空间光环境设计的方法。

目 录

第一章　绪　论 ≫

第一节　研究的背景和意义

一、研究背景

（一）家具商业展示空间环境氛围的重要作用

据中国家具协会统计，中国家具产业多年来保持着15%的年均增幅，2020年行业规模约为2.5万亿元，家具产业存在巨大的成长空间。[①]在摆脱过去低成本、低附加值的传统设计、加工和销售方式以后，家具产业又向品牌国际化产业经营方向发展，过去那种单纯以卖为主的销售方式已经不能吸引顾客，在竞争日益激烈的商业环境中逐渐被淘汰。继对家具产品自身的设计逻辑和设计过程进行不断创新之后，商家又将注意力转移到产品销售环境的改造和升级上。已有的设计实践经验表明，家具商业展示空间的环境氛围对顾客的行为有诸多方面影响，环境氛围能够唤

---

① 夏宁敏. 极致者生存：2020中国家具行业大未来［EB/OL］.（2017-10-30）［2020-11-05］. https：//www.sohu.com/a/201257193_465192.

起顾客的情感反应，当其情绪与环境印象产生共鸣时，他们就会愿意花更多的钱在商店中购买他们所喜爱的家具产品。因此，至少对商家来说，家具商业展示空间的环境氛围对于消费行为的发生是具有重要意义的，对家具产品的销售起着至关重要的作用。

（二）光环境质量的转变

自爱迪生1876年发明第一只实用型白炽灯泡以后，又陆续出现了高压汞灯（1937年）、无极荧光灯（1994年），再到目前发展的发光二极管，电光源的发展已经走过了一百多年的历史。[1]与20世纪相比，21世纪照明光源的研究已不仅仅局限于生产材料的研究和变革，而更多地转向对产品外延空间的认知和探索，即将光源和室内外环境紧密结合起来，用光环境恰如其分地营造一种环境氛围，由此唤起人的某种感情。

在实践方面，一些大型灯具公司诸如Erco（欧科）、Philips（飞利浦），在产品研发的同时，也给出了配套的用户手册，不仅介绍产品的数据，而且非常详细地介绍产品适合使用的场所及其对场所环境的影响。[2][3]在理论方面，清华大学的詹庆旋教授认为，全面、综合地评价一个光环境的质量等级，可分三个层次：明亮、舒适和光的艺术表现力。[4]这实质上是从生理和心理两个方面来对较高层次的光环境提出要求：在生理方面，长时间的光照环境要保证视觉的清晰度和舒适性；在心理方面，通过光的艺术表现力营造特定的光环境来恰当表达某种空间氛围，满足人的心理需求。这一切都说明光源的发展带来了光环境质量的转变，即从满足人的基本生理可视要求，转向满足人的心理情感要求。[5]

---

[1] 日本照明学会.照明手册［M］.李农，杨燕，译.北京：科学出版社，2005.

[2] Philips lighting company. Shop lighting application guide［EB/OL］.（2015-4-13）［2020-11-05］. https：//www.lighting.philips.com/main/home.

[3] Erco lighting company. Lighting application guide［EB/OL］.（2012-8-22）［2020-11-05］. https：//www.erco.com/en.

[4] 詹庆旋.照明质量评价：定量的和非定量的（摘要）［C］//中国照明学会.海峡两岸第六届照明科技与营销研讨会专题报告文集.北京：中国照明学会，1999：149-150.

[5] Veitch J A. Psychological processes influencing lighting quality［J］. Journal of the Illuminating Engineering Society，2001，30（1）：140.

（三）研究产生的背景

如何在家具产业急速增长的过程中，为家具销售提供特定的环境氛围，以便引导顾客消费，已是目前迫切需要解决的问题，可以说其迫切性已不亚于家具产品本身的设计。[①]众多元素构建了家具商业展示空间的环境氛围，如空间构成、界面装饰设计、陈设布置、声、光、热和气味等，已有大量的科学研究集中在对家具产品价格、质量以及店面装饰等因素的探究上[②③④]。相对而言，光作为室内环境的重要因素之一，却从未被作为单独因素列出，且更未从人的感知方面来探究其对家具商业展示空间环境氛围的影响。

本书以"家具商业展示空间光环境研究"作为题目，正是基于上述背景而产生的。

二、研究意义

（一）现实意义

在摆脱过去低成本、低附加值的传统设计、加工和销售方式以后，家具产业又向品牌国际化的方向发展，过去那种以大卖场为主的展示方式已经不能吸引顾客的光顾，在日益激烈的商业竞争中逐渐被淘汰。现阶段绝大多数家具企业在设计自己的独立门店或专卖店时，虽然有意识地强调光环境在展示过程中的重要性，但大量的调查表明：家具商业展示空间的照明设计方法往往借鉴了其他相关零售行业，而没有根据家具产品自身的特点、所要销售的对象以及产品环境所需表达的氛围去量体裁衣，因此也就没有达到对症下药的目的。从不少案例中可以看出，过度追求照度水平和过多增加灯具布

---

① 穆亚平. 家具的视觉传达设计［J］. 西北林学院学报，2000，15（4）：87-90.

② Nik Maheran Nik Muhammad. Influence of Shopping Orientation and Store Image on Patronage of Furniture Store［J］. International Journal of Marketing Studies，2010，2（1）：175-177.

③ Giraldi J M E, Spinelli P B, Campomar M C. Retail store image：a comparison among theoretical and empirical dimensions in a Brazilian study［J］. Revista Eletrônica de Gestão Organizacional，2008，6（1）：123-127.

④ Michon R，et al. The interaction effects of the mall environment on shopping behavior［J］. Journal of Business Research，2005（58）：576-583.

置，造成室内整体环境亮度水平过高或者分布不合理，进而产生诸多"视觉污染"现象。本书拟从影响光环境的照明因素角度对模拟家具商业展示空间的氛围展开研究，以期获得有价值的结论，为现实中家具商业展示空间的照明设计提供依据。

（二）理论意义

我国制定的《建筑照明设计标准》（GB 50034-2020）对于展示光环境照度标准有两处提及，一处是对会展建筑照明照度标准值的推荐，另一处是对商业建筑照明照度标准值的推荐。首先，这些数据适用对象过于笼统，针对性较差，具体地说，商业或者展示空间中存在着多种不同性质的环境场所，它们的照明需求是不同的。对家具商业展示空间而言，以这种概括的方式来推荐照度值是不恰当的。其次，有关标准只是对数值的推荐，随着照明技术的发展，照明对人的心理影响效果应该在标准中有所提及。不同心理需求所需的光环境氛围表达内容应有所差异，对于照明的方式、强度以及色温等要求也不尽相同。因此，对模拟家具商业展示空间的光环境氛围展开研究，以获得相关照明心理研究成果，亦是理论发展的迫切需要。

第二节　国内外研究现状

光环境由自然光和人工光组成，当前家具商业展示空间大都集中在大型卖场内，自然光有限，更多地依赖于人工光，即人工照明条件。展示空间的光环境氛围差异主要是由不同的照明方式、不同的光源色温及强度等诸多照明因素引起的，对光环境氛围的研究即关于诸多照明因素对环境氛围影响的研究。

关于照明心理方面的研究在国外已经大量展开，但就照明因素如何影响室内环境氛围而言，有关研究尚有不足。特别是针对家具商业展示空间环境氛围的研究，几乎是一片空白。在无相关资料可查阅的条件下，开展对研究资料的收集整理只能从两个方面进行：一是有关商业环境氛围研究的文献综述；二是有关照明因素对一般性室内环境氛围影响研究的文献综述。期待在资料收集整理过程中，这两方面的研究方法和成果能为从照明因素角度展开对家具商业展示空间的环境氛围研究提供参考和借鉴。

一、商业环境氛围研究的文献综述

有关商业环境氛围研究的文献极少，可查资料的研究问题主要集中在氛围的重要性、氛围的营造、氛围的组成以及氛围的测定等方面。

在《板式民用家具专卖店科学光环境的营造》一文中，针对如何营造家具专卖店空间的科学光环境，胡庆奎等人根据光的特性、人的视觉特性及专卖店的环境需求，对市场上家具专卖店的照明状况提出了描述性概括，并给出了指导性建议。[①]由于该文没有从具体的照明因素角度对家具专卖店的光环境做深入的比较性研究，也没有针对具体的环境做模拟实验性研究，因而得出的结论只能是源于市场，而不能高于市场，且缺乏一定的科学严谨性。

多诺万（Donovan）等人通过调查发现，人在商店中的情感状态有时不仅仅是一种想法或目的，更多地表现为实际购物行动，愉悦的氛围对顾客是否会在商店中花更多时间和金钱来购买商品起着至关重要的作用。[②]科迪莉亚·斯皮斯（Kordelia Spies）等人利用不同特征店面调查顾客在其中购物的情绪、满意度以及购物行为，具体实验过程是：对两个家具专卖店进行不同陈设布置，形成不同的氛围环境，让顾客在这两个家具专卖店中进行购物，分别在购物前、购物中以及购物后测量他们的情绪变化。研究结果表明：在愉悦的氛围中，顾客的情绪和满意度得到积极提升，愿意花费更多的钱来购买中意的商品。[③]

既然氛围对环境有如此重要的影响，那么如何测定环境氛围呢？英格丽

---

① 胡庆奎，等. 板式民用家具专卖店科学光环境的营造［J］. 家具与室内装饰，2005（3）：28-30.

② Donovan，et al. The interaction effects of the mall environment on shopping behavior［J］. Journal of Retailing，1994，70（3）：283.

③ Spies K，et al. Store atmosphere and purchasing behavior［J］. Journal of Research in Marketing，1997（14）：1-17.

德·沃格尔（Ingrid Vogels）用一种方法来对室内的氛围进行定量化研究，具体过程是：让被试对不同性质的室内空间进行主观评价，评价采用语义微分法，使用7级量表，评价内容包含38对两极形容词。因子分析结果证实，室内氛围可以用四个潜在的因子来表达，分别是舒适（coziness）、生动（liveness）、紧张（tenseness）和客观（detachment）。[1]

二、照明因素对一般性室内环境氛围影响研究的文献综述

照明因素对一般性室内环境氛围的影响研究多数是从照明的强度、色温以及光分布等角度展开的，下面分别从这些角度来对文献进行归纳总结。

（一）强度

史蒂文斯（Stevens）[2]，戴维斯（Davis）和金特纳（Ginthner）[3]，巴伦（Baron）、雷（Rea）和丹尼尔斯（Daniels）[4]，麦克劳汉（McCloughan）、阿斯皮诺尔（Aspinall）和韦布（Webb）[5]，艾谢·杜拉克（Ayse Durak）[6]，范·厄普（T. A. M Van Erp）[7]先后通过研究发现：照明光源的强度与室内主观亮度的感知具有一致性关系，即高照度水平看起来显得更亮。克内兹（Knez）通过实验发现，不同性别和年龄的人感知室内亮度的程度有所不同：女性感知房间的亮度比男性要暗；年轻人感知房间的亮度要更亮，老年

---

① Vogels I. Atmosphere Metrics: a tool to quantify perceived atmosphere [J]. Lighting Research & Technology, 2008（18）: 345.

② Stevens S S. The psychophysics of sensory function [M] // Rosenblith W A. Sensory Communication. Cambrigde: The MIT Press, 1961: 245.

③ Davis R G, Ginthner D N. Correlated color temperature, illuminance level, and the Kruith of curve [J]. Journal of the Illuminating Engineering Society, 1990, 19（1）: 27-38.

④ Baron R A, Rea M S, Daniels S G. Effects of indoor lighting（illuminance and spectral distribution）on the performance of cognitive tasks and interpersonal behaviors: The potential mediating role of positive affect [J]. Motivation and emotion, 1992, 16（1）: 1-33.

⑤ McCloughan C, Aspinall P, Webb R. The impact of lighting on mood [J]. Lighting Research & Technology, 1999, 31（3）: 81-88.

⑥ Durak A, Olguntürk N C, Yener C, et al. Impact of lighting arrangements and illuminances on different impressions of a room [J]. Building and Environment, 2007, 42（10）: 3476-3482.

⑦ Van Erp T A M. The effects of lighting characteristics on atmosphere perception [D]. Eindhoven, The Netherlands: Eindhoven University of Technology, 2008: 29-33.

人则感觉更暗。[①②]

艾谢·杜拉克通过研究发现，照明的强度水平会对被试评价环境的印象差异产生显著性影响，具体表现为：环境照明和垂直面照明在高照度时，空间清晰度更高；垂直面照明在高照度时，空间显得比较宽敞和有秩序；灯槽（cove lighting）照明在低照度时，则给室内创造一种放松、私密的氛围；低照度的垂直面照明和高强度的灯槽照明则使场景氛围看起来更令人愉悦。[③]

（二）色温

文献中对色温的研究往往不将其列为单独变量，而是考虑交互作用，将色温与强度一起作为一个整体变量来研究。

德布尔（J. B. de Boer）曾经说过："从经验得知，低照度水平的低色温可以使室内产生缓和的氛围，而高色温在高照度水平下则使室内产生活泼的气氛。"[④]荷兰人克鲁托夫（Kruithof）于1941年曾通过实验证明了上述经验，图1-1就是他的实验结果，图中上部浅灰色的阴影部分是被试感觉色彩过重且不自然的部分，下部深灰色的阴影部分是被试感觉冷和昏暗的部分，只有两个阴影中间的部分是被试感觉愉悦的部分，这部分就是他提出的低照度低色温和高色温高照度结合的部分。这次实验的结果有一定的局限性，因为被试包括克鲁托夫自己在内只有两个人。

① Knez I，Enmarker I. Effects of office lighting on mood and cognitive performance，and a gender effect in work-related judgement［J］. Environment and Behavior，1998（4）：553-567.

② Knez I，Kers C. Effects of indoor lighting，gender and age on mood and cognitive performance［J］. Environment and Behavior，2000，32（6）：817-831.

③ Durak A，Olguntürk N C，Yener C，et al. Impact of lighting arrangements and illuminances on different impressions of a room［J］. Building and Environment，2007，42（10）：3476-3482.

④ De Boer J B，et al. Nterioe Lighting［S］. Philips Technical Library：Kluwer Technische Boeken B.V. -Denverter-Antwerpen，1981：97.

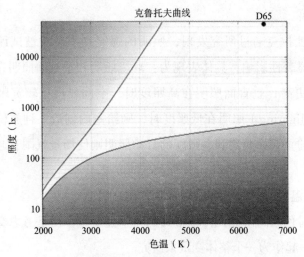

图1-1　克鲁托夫曲线

　　博德曼（Bodmann）让被试对色温（在2800～7000 K之间）和照度（在220～6000 lx之间）的组合照明进行评价，研究结果表明：在700～3000 lx照度范围内，低色温、中色温和高色温的光源所创造的室内氛围被试都能接受；在3000～6000 lx照度范围内，高色温和低色温的光源所创造的室内氛围被试较为满意。[①]这些结论都与克鲁托夫曲线存在矛盾之处。随后，戴维斯和金特纳要求40名被试对两种色温光源（2750 K和5000 K的荧光灯管）和三种照度（269 lx，590 lx，1345 lx）条件下的环境进行主观评价，问卷包含八个氛围形容词语义差别量表和一个对颜色印象的量表，实验结果表明：对于氛围的喜好性而言，被试在高照度水平时，更喜欢暖色的光源。[②]这个结论也与克鲁托夫曲线存在矛盾之处。

　　博伊斯（Boyce）和卡特尔（Cuttle）进行了更为细致的实验，实验是在两个布置相同的办公环境内进行的，灯具包含两只向上照射的荧光灯管和一只向下照射的荧光灯管，光源的照度通过等距缠绕黑色塑料带获得四个级别

　　① Bodmann H W. Quality of interior lighting based on luminance［J］. Lighting Research and Technology, 1967（3）：22.

　　② Davis R G, Ginthner D N. Correlated color temperature, illuminance level, and the Kruithof curve［J］. Journal of the Illuminating Engineering Society, 1990, 19（1）：27-38.

（30 lx，90 lx，225 lx，600 lx），光源的色温选择有四种（2700 K，3500 K，4200 K，6300 K），共构成16种照明条件。实验主要目的是探究光源的色温和照度的组合如何影响人对室内氛围的感知，研究结果表明：克鲁托夫曲线的表达结果并未被证明，人一旦适应室内照明后，不受环境色温的影响。[①]文章中提及了得出这个研究结论须有两个前提条件：其一，观察者必须充分适应光源的色温；其二，室内陈设饰品在各种照明条件下不会改变室内光分布，一旦改变光分布，照明所造成的氛围将发生改变。

范·厄普让被试对一个没有布置家具的室内空间进行氛围的主观评价，照明方式包含两种：一种是漫射照明（Diffuse Lighting），由六只T8荧光灯对环境进行照明，两种色温和三种强度构成六种照明条件；另一种为聚光照明（Directional lighting），通过卤素射灯对环境进行重点照明，两种强度构成两种照明条件。结果发现：在漫射照明方面，无论是低色温还是高色温时，清晰度随着强度的增大而增大；在氛围的喜好性上，中强度和高强度显著大于低强度，低色温显著大于高色温；在舒适度上，低色温高强度时，被试感觉舒适。在聚光照明方面，随着强度的增大，清晰度和生动感增大，舒适感下降，而在两种强度水平下，被试的喜好性没有显著性差异。[②]

（三）光分布

蒂勒（D. K. Tiller）和维奇（J. A. Veitch）通过研究发现，非均匀亮度分布的房间看起来比均匀亮度分布的房间要亮。相对于均匀亮度分布的房间，非均匀亮度分布的同一房间若要取得等效亮度的工作面，其照度要少5%～10%。[③]加藤（Kato）和关口（Sekiguchi）则通过对水平方向和垂直方向的光线分布进行研究，发现水平方向的灯光看起来要比垂直方向的灯光要亮，垂直面的平均照度与室内清晰氛围有很大关系。

---

① Boyce P R，et al. Effect of correlated colour temperature on the Perception of interiors and colour discrimination Performance［J］. Lighting Research & Technology，1990，22（1）：19-36.

② Van Erp T A M. The effects of lighting characteristics on atmosphere perception［D］. Eindhoven，The Netherlands：Eindhoven University of Technology，2008：29-33.

③ Tiller D K，Veitch J A. Perceived room brightness：Pilot study on the effect of luminance distribution［J］. Lighting Research & Technology，1995，27（2）：93-101.

豪泽（K. W. Houser）等使用悬挂式荧光灯对实验空间进行照明，根据灯具向上和向下光照的比例不同，将场景照明条件分为11种，研究结果表明：当向上照明（即间接照明）比例增大时，空间显得较为开阔；当间接照明对水平照度的贡献率超过60%后，被试较为喜欢空间的氛围。[1]

艾谢·杜拉克等人通过实验发现，不同的照明方式在空间中形成不同的光分布，被试感知的室内氛围也是有所差异的，具体表现为：在清晰度上，垂直面照明和环境照明强于灯槽照明；在空间开阔感上，垂直面照明优于环境照明和灯槽照明；在放松感和私密度上，灯槽照明优于环境照明和垂直面照明；在愉悦感上，垂直面照明和灯槽照明优于环境照明。[2]

范·厄普让被试对一个没有布置家具的室内空间进行氛围主观评价，室内照明方式包含两种：一种是漫射照明，由T8荧光灯对环境进行照明；另一种为聚光照明，通过卤素射灯对环境进行重点照明。对比结果发现：在同色温、同主观亮度下，被试更喜欢卤素射灯照射下的环境氛围，这种氛围看起来更舒适、更生动。[3]

① Houser K W，Tiller D K，Bernecker C A，et al. The subjective response to linear fluorescent direct/indirect lighting systems［J］. Lighting Research & Technology，2002，34（3）：243–260.

② Durak A，Olguntürk N C，Yener C，et al. Impact of lighting arrangements and illuminances on different impressions of a room［J］. Building and Environment，2007，42（10）：3476–3482.

③ Van Erp T A M. The effects of lighting characteristics on atmosphere perception［D］. Eindhoven，The Netherlands：Eindhoven University of Technology，2008：29–33.

第三节 研究的内容及方法

一、研究的主要内容

本书的主要章节及研究内容具体如下：

本书的研究内容主要包含研究架构、文献探讨、实验设计、调查研究、实验研究、方法探讨、案例分析及研究结论等部分。第一章主要围绕研究主题的确定，介绍研究背景和意义，对国内外相关研究进行阐述，并就研究方法、范围及限制进行探讨和论述。第二章主要探讨视知觉与商业室内环境氛围的基础理论，从视知觉和氛围的基础理论入手，阐述视知觉的基础理论及其在光环境中的基本特征，辨析情感测量和氛围评价的区别，并对影响商业室内环境氛围的照明因素进行具体阐述。第三章主要依据设计目标进行实验设计，采用语义差别量表采集相关数据并进行科学的统计学方法处理。本章是为第五章实验研究提供方法设计和数据处理的理论依据。第四章主要是家具商业展示空间的光环境调研内容，第一部分对家具商业展示空间的光环境进行实地照度和亮度测试的满意度调查，结合家具的特点，从照明因素的角度对家具商业展示空间的视知觉特征进行描述性和比较性研究；第二部分以视觉满意度为研究对象，让被试对家具商业展示空间的视知觉特征因素进行主观评价，通过因子分析提取被试认为较重要的照明因素，为实验阶段设定所要研究的照明因素提供依据。第五章是就第四章中提及的影响商业展示空间环境氛围的照明因素进行针对性实验研究，通过对客观光环境的数据测量分析，来获得场景的照明物理值客观信息，并结合被试对模拟家具商业展示空间光环境氛围的主观评价结果，得出氛围指标与照明因素（或视知觉指标）的对应关系，为家具商业展示空间的照明设计提供依据。第六章在实验研究的基础上，探讨家具商业展示空间的照明设计方法，主要是结合四角照明设计理论，提出氛围量化的照明设计方法，进而对方法实现的途径进行探讨，并结合实例加以应用。第七章结合具体案例对家具商业展示空间光环境设计方法进一步加以探析。第八章总结全文，归纳本研究的主要研究结论和主要创新点，提出需要进一步研究的问题。本研究的总体架构如图1-2所示。

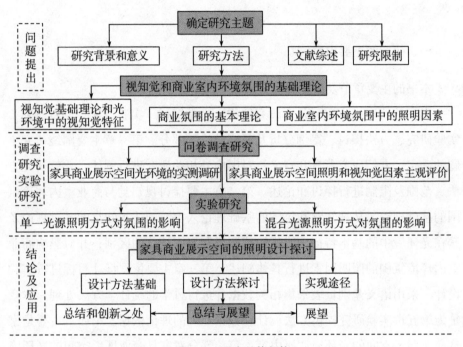

图1-2 研究总体架构

二、研究方法

（一）文献计量及分析法

本研究在大量查阅相关研究文档的基础上，通过计量、比较分析和归纳综合等研究方法对相关文献资料进行研究，以期掌握研究现状和发展动态。这一研究方法对于笔者从宏观上把握相关研究成果和动向，并最终确立研究视角具有较大的帮助。同时，利用文献分析所获得的相关研究成果与本研究的相关成果之间可形成相互验证的关系。

（二）实地测量法

本研究针对家具商业展示空间的光环境选取具有代表性的位置，使用照度计（浙大三色SPR-300A CCD）和亮度计（柯尼卡美能达LS-100）进行实地测试，基于照度和亮度水平的测量结果，对展示空间光环境数据有一个宏观了解。测量内容主要包括：家具及空间的照度水平，展示家具产品水平面最亮部分的亮度值以及展示家具背景的平均亮度。

（三）问卷调查法

本研究涉及的调研部分主要为市场调研，其中问卷调查法是最为重要的调查研究方法。本研究以问卷的方式就视觉满意度来调查被试对家具商业展示空间的亮度水平、亮度对比、亮度分布等视知觉因素的看法。

（四）实验法

实验法是指在实验室内通过人为控制一定的限制条件，利用一定的设施并借助专门的实验仪器进行研究的一种方法。本研究主要是在实验室条件下，通过模拟家具商业展示空间的局部环境，控制照明变量产生不同的光环境，对空间氛围展开实验性研究。通过合理的实验方法和重复实验数量来控制随机误差的大小。利用抵消或平衡的措施来消除系统误差。[①]

（五）主观评价法

心理物理学是用人的行为反应来测量人对客体感知到的物理特性，目的是要建立物理参数与主观反应之间的函数关系。在视觉环境的研究中，使用问卷调查、量表和量值评估法等，将物理参数与主观反应联系起来。对于复杂一些的课题研究，一般采用语义差别评价量表进行主观评价。提出这个方法的奥斯古德（Osgood）指出：大多数环境的知觉可以用主观意义的三个维度——评价、潜能和活动来说明。[②]本研究对主观评价法的运用主要体现在市场问卷调查部分和实验部分，通过被试对相关主题的主观评价，以及对实验测试结果的统计分析，可以得出视知觉指标和氛围指标的对应关系。

（六）统计分析法

本研究主要运用数理统计的方法对所获得的调研数据进行处理，除基本的描述性统计外，还涉及因素分析、两因素相关一因素独立混合设计方差分

① 郝葆源，等.实验心理学［M］.北京：北京大学出版社，1983：46-47.
② 杨公侠.视觉与视觉环境［M］.上海：同济大学出版社，1985：144-145.

析、一因素相关一因素独立混合设计方差分析、相关样本单因素分析等。因素分析是基于相关关系而进行的数据分析技术，是一种建立在众多观察数据基础上的降维处理方法，目的是探索隐藏在大量观测数据资料背后的某种结构，寻求一组变量变化的"共同因子"。本研究将因素分析应用在光环境调研部分，得到家具商业展示空间光环境中被试主要关注的视知觉特征因素。方差分析是用来对三个以上的数据样本同时进行平均数差异的显著性检验。本研究中的两因素相关一因素独立混合设计方差分析，主要研究强度、色温及性别之间是否有交互作用，是否存在显著性差异；一因素相关一因素独立混合设计方差分析，则主要研究强度在组间性别方面的主效果是否存在显著性差异。[1][2]

第四节　研究界定和研究限制

一、研究对象和范围界定

本研究的光环境氛围是指由于室内照明因素变化所产生的不同光环境及其带来的空间氛围，而非指由自然采光变化所引起的环境氛围。

本研究的"氛围"是指由于照明因素的作用，人对视觉环境产生的空间体验以及人对视觉环境作出的主观评价，涉及的内容有：空间表象、空间观感、喜好性和商业气氛，如图1-3所示。其中，空间表象与照明因素有关，包含模糊-清晰、冷-暖、非均匀-均匀、不刺激-刺激四对两极形容词。空间观感与空间因素有关，包含私密-公共、狭小-开阔和紧张-放松三对两极形容词。喜好性指标是指被试在感受空间氛围后，对整体环境的喜好程度所作

① 舒华.心理与教育研究中的多因素实验设计［M］.北京：北京师范大学出版社，1994：38.
② 王保进.英文视窗版SPSS与行为科学研究［M］.第三版.北京：北京大学出版社，2007：55.

出的主观评价，包含不美丽-美丽、不愉悦-愉悦和不吸引人-吸引人三对两极形容词。商业气氛指标是指在照明的烘托下，人脑对空间所产生的主观印象，包含单调-生动、无购买欲-有购买欲和廉价-昂贵三对两极形容词。所有这些描述空间的形容词都来自同济大学郝洛西拟定的描述建筑和视觉环境的语集。[①]

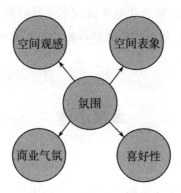

图1-3　环境氛围的研究内容

本研究涉及的家具商业展示空间主要是针对中高端定位的现代板式家具专卖店，一般处于靠人工照明采光的大型超市或者家居集合体中。

由于受条件和资金所限，本研究涉及的实验模拟场景面积范围较小，因此相关研究不能有效地针对面积较大、功能类别较为齐全的家具商业展示空间环境，只对小客厅环境进行模拟。

二、研究限制

首先，由于笔者的专业背景是"环境设计"，而进行本研究需涉及"电气技术""统计学""照明设计"等诸多学科的理论知识和不同专业角度的思考，因此，笔者虽本着"勤能补拙"的态度就各领域知识进行广泛涉猎，但文中仍有理解不到位之处。

其次，进行本研究之前，笔者力图避免研究因宽泛而显苍白，但随着

①杨公侠.视觉与视觉环境［M］.上海：同济大学出版社，1985：150-152.

研究的深入，笔者越发感受到其内容的广博，因此，有的研究难免存在不足之处。

再次，本研究所涉及的光环境氛围主观评价，需要大量的社会被试参与。但目前尚未建立专业有偿的被试库，这对于研究结果的精确度会产生一定的影响。

最后，受限于人力、物力及笔者研究水平等因素，本研究还存在许多有待进一步深入的地方，希望本研究能起到抛砖引玉的作用。

本章小结

本章主要就本研究的背景和意义进行了论述，着重阐述了进行本研究的理论意义和实践意义。本章对研究对象进行了界定，并对研究方法和国内外相关研究现状做了介绍。本章给出了本研究的研究流程和总体架构，还对开展本研究的限制做了论述。

第二章　视知觉与商业室内环境氛围 ≫

第一节　视知觉基础理论

一、眼睛结构

眼睛是一个构造极其复杂的器官，见图2-1。眼睛正前方的一小部分是有弹性的透明组织，称为角膜，光线从这里进入眼内。其余部分为白色不透明组织，称为巩膜。巩膜里面有一层虹膜，起着遮光作用。虹膜随不同种族有不同颜色，如黑色、蓝色、褐色等。虹膜中间有一圆孔，称为瞳孔。

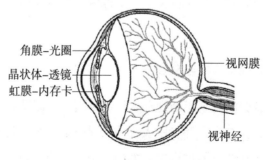

角膜-光圈　　　　　　　　　　　视网膜
晶状体-透镜
虹膜-内存卡

视神经

图2-1　人眼结构

眼球主要包括聚光和感光两个部分。眼球的运作犹如一部摄像机，整个眼球被包裹在一层巩膜之内，巩膜就如同摄像机的黑箱。眼球的前段是聚光部分，由眼角膜、瞳孔、晶状体及玻璃体组成。它们的功能是调节及聚合外界射入的光线。光线通过眼角膜、瞳孔及晶状体后，就会聚合在眼球的后段。

瞳孔可以透光，并且能根据光线的强弱调节其圆周的大小。在较暗的情况下，瞳孔的直径会变大，可以引入更多的光线；在较亮的情况下，瞳孔的直径会缩小，引入的光线就会相应减少。通过瞳孔与晶状体的配合，眼球能够接收强、弱、远、近各种不同的光线来源。睫状肌的拉伸可使晶状体变形，从而调节屈光度，使光线能够聚集到视网膜上而形成影像。当目标距离较近时，晶状体变得较浑圆，屈光度较大；当目标距离较远时，晶状体变得较偏平，屈光度较小。这样能确保在不同的情况下都能形成高品质的影像。

眼睛的后段是感光部分，主要由视网膜和感光细胞组成。感光细胞分为锥状细胞和杆状细胞两种，作用是将晶状体聚集而成的光线转换成电信号，并通过神经细胞将电信号送往脑部。锥状细胞和杆状细胞位于视网膜中央的黄斑区及其周边，它们能感觉光线以及色彩的变化，并将这种变化转化成电信号传输至脑部。脑部接收到电信号后就会引起一连串的思维活动，并做出相应的行动和反应。

值得注意的是，在视网膜的表面，杆状细胞和锥状细胞分布都不均匀，在感知中起重要作用的锥状细胞大部分集中在视网膜中央的黄斑位置。这是感光细胞最密集、视觉敏锐度最高的地方，我们要看清事物时都需要转动眼球，直至影像聚集在黄斑上。影像偏离黄斑越远，感光细胞越少，也就越不清晰。

二、视觉唤醒与视觉载荷

当我们的眼睛不断地环顾周围环境时，眼睛要不停地转动、扫描、调节和聚焦，其结果是环境所表现的状况被人的视知觉器官记录下来，并且报告给大脑。在知觉的过程中，大脑必须主动地整理、分类，并且解释输入的原始感觉资料，将这些刺激区分为与当时的要求有关的和无关的两部分。对于无关的信息，直接分路到记忆中，而对于有关的信息，则立即合并到感觉者的意识中，用来满足发动搜索这种知觉的需要。[①]

空间中视觉元素的大量增加能够明显地促进人的视神经活动，从神经生理的角度来讲，唤醒是一种通过视神经提高脑部中心活动能力的过程。

唤醒水平是视觉环境评价中的一个维度[②]，提高或者降低唤醒水平对视知觉有着重要的影响，在环境中，色彩、质感、亮度、空间等的变化都会对视知觉产生一定的作用。唤醒会促使人们去寻求内部状况的信息，如发出唤醒的性质和原因、这种唤醒是否舒适等。另外，唤醒的定性会左右我们的行为，如我们把某种唤醒状态视为烦躁，尽管它可能是由环境中的个别视觉因素引起的，但我们的行为表现会受到影响，并产生不好的反应。

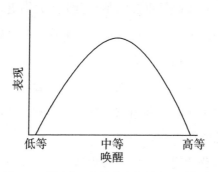

图2-2　耶克斯-多德森定律的倒U型曲线

唤醒对视觉功效也有重要的影响，耶克斯-多德森（Yerkes-Dodson）定律给予了清楚的描述。[③]根据这条定律，当处于中等唤醒水平时，其功效最大；当唤醒水平低于或者高于阈值时，其功效就会逐步下降，见图2-2。此外，唤醒与功效的倒U型关系随着作业复杂性的不同而有所不同。对于复杂作业来说，其达到最大功效的唤醒水平比简单作业要低。当环境中的视觉刺激（如颜色、亮度等）增加唤醒时，视觉功效要么提高要么降低，这依赖于人

①　杨公侠.视觉与视觉环境［M］.上海：同济大学出版社，1985：19.

②　Russell J A，Snodgrass J. Emotion and the environment［M］//Stokols D，Altman I，Eds. Handbook of environmental psychology：Vol. 1. Hoboken，N. J.：Wiley-Interscience，1987：245—280.

③　彭聃龄.普通心理学［M］.北京：北京师范大学出版社，2012：1-28.

们对作业的视知觉反应是高于还是低于理想唤醒水平。也就是说，低唤醒水平不能达到最佳功效，而过高的唤醒水平则会阻止我们对作业的集中力。

对于复杂的视觉刺激作用，除可以用唤醒的概念加以解释以外，由科恩（Cohen）和米尔格拉姆（Milgram）建立的"视觉信息处理的有限性知觉模型"更能说明这个问题，这个视知觉模型是由视觉环境的注意和视觉信息处理演变而来的。过分的视觉刺激使得人们只能注意相关的刺激而忽略与作用相关程度较低的刺激，人们也会采取积极的措施来减少分散注意力的刺激。阿伦茨（Ahrentzen）和埃文斯（Evans）则指出，教室的环境设计应从视觉要求上考虑将分散注意力的刺激减少到最低程度。

视觉过载后的反应主要是依据引起注意力的刺激类型和忽视的刺激类型而定的，一般来说，对作业最重要的刺激会引起人们更多的注意，而对于不太重要的刺激，人们的关注度相对较低。如果这些非重要刺激对中心作业产生干扰，那么忽视它们会提高视觉功效。根据视觉过载的后果，由于过多的视觉要求使得注意力下降，甚至一些微小要求都会产生过载，即使不舒适或过分的视觉刺激已经停止，也会引发一些视觉后效，从而减少注意相关线索的能力，如直接眩光现象。

当受到视觉刺激作用时，人们会做出适应性的反应，刺激的强度是由人们的监控过程进行判断的。当输入的刺激愈强烈、愈不可预知或者愈不能控制时，需要人们视觉适应的水平就愈高，也就愈能唤起人们更多的注意。因此，引起适应性反应的视觉输入愈不确定，就愈会让人们将更多的注意力集中于其上。

视觉载荷与视觉唤醒一样，可以用来预知环境中视觉刺激的过载对人们视知觉的影响。然而，这也面临诸多实际的应用困难，包括如何判定一个环境是否会发生视觉过载、某个视觉要素是否重要等。

三、刺激输入与理想刺激

光是由粒子组成的，一个物体如果从一个光源接受一定适量的光，并且它的表面能把较大部分的光反射到观察者的眼里，就是一个高刺激；反之，如果一个物体被弱光照明，或者它的表面只能反射一小部分光进入观察者的眼睛，就是一个低刺激。当然，视觉刺激还取决于感受器的特征，即眼睛对于物体反射出来的特定光波的感受性，人眼对物体反射的光波反应有效的是400～700纳米的光波。

典型的视觉景物包括世界中的静止物体或活动物体，对输入刺激的属性分类过程并不是单纯根据个别刺激的性质和形式进行的，来自刺激源的过多视觉线索会导致人们对环境的视觉反应的混乱。许多建筑室内环境中的视觉问题是由于环境中过低的弱视觉刺激造成的，视觉刺激的减少也会产生严重的视知觉异常。一些心理学家认为，环境中有时应具有一定水平的复杂性和刺激性，否则很难唤起人们的兴奋感和个人对环境的认同感。在现实生活中，各地存在许多相同的城市环境和商业场所，这种均质现象会导致视觉刺激模式的不断重复，让人时常感觉到周围环境的乏味或视觉刺激处于低水平，空间环境也就逐渐失去它应有的魅力及活力。

对于高刺激的输入，人脑会根据经验和常性加以判断和过滤。对于相似的刺激，会进行配比鉴定，给出定义。对于不相似的刺激，则分为两种情况，一是不熟悉的，会猜测其危险程度；二是熟悉的，会激起人的情感变化。

对于低刺激水平的场所，我们应该重视对其中的视觉活动中心的处理，唤醒人对场所的认同和情感共鸣。视觉上的集中点可用来在我们的环境中形成秩序和联系，使人们把注意力集中于视野中那些使人感兴趣的以及与自身活动有关的视觉信息。可以利用人的向光性将活动的集中点处理成室内空间中的一个明亮的中心。室内空间环境中的视觉中心，也就是这个环境中的"视觉焦点"，是最引人注意的地方，同时它作为满足人的审美需要的内容，在室内设计中占有重要的地位，应给予认真考虑。[①]

对于场所中的高视觉刺激，耶克斯-多德森定律给出了变化的规律，正如低刺激水平一样，过高的视觉刺激水平也会降低视觉功效，不会产生令人满意的效果，那么可以相信在高刺激水平与低刺激水平之间一定存在着某个中

---

① 杨公侠. 视觉与视觉环境［M］. 上海：同济大学出版社，1985：19–23.

间值，即通常我们所说的刺激水平理想阈值。影响刺激水平理想阈值的因素有三个，分别是：第一，刺激强度。刺激强度的过低或过高都难以引起人们的满意视觉感受，不同年龄、性别、生活背景的人群，其对视觉刺激的强度要求不一。第二，刺激的多样性。刺激的多样性也具有这样的控制特征，即环境中多样性的降低会令人产生视觉厌倦，迫使人们寻求高度唤醒和兴奋。在商业环境中，过于复杂的多样性会引起眼睛的不舒适，已有研究表明人工环境的视觉诱目性和感觉舒适性的理性状态是多样性处于中间水平。[①]第三，刺激的图式。刺激的图式是指人们对结构和不确定性的知觉程度，若一个复杂的图式内含不可预知的结构，也会造成视觉上的难以协调。

四、调节与适应

适应是指对刺激所做出的反应改变，而调节是通过自身的机能对环境刺激本身的改变。人的眼睛可以在直射的阳光下看见物体，也能够在月光下看见物体。人的瞳孔在不同的亮度下会发生大小的变化，这种变化会调节进入瞳孔的光线量。同时，人眼还具有增强视网膜灵敏度的能力。

当视觉环境内亮度有较大幅度的变化时，视觉对亮度变化的顺应性就称为适应。我们有时会很快从一种照明环境进入另一种照明环境中，就像从日光下进入一个黑暗的电影院中那样，由于眼睛不能迅速适应这种光强的变化，我们暂时会什么都看不见，在逐渐适应黑暗后，才能区分周围物体的轮廓。这种从亮处到暗处，人的视觉阈限下降的过程就称为暗适应。相反，从黑暗的地方跑到日光下，会使人觉得更不舒适，我们需要闭上眼睛或者戴上墨镜，以适应这种亮度的变化，最初会感觉到日光刺眼，而且无法看清周围的环境，但过一会儿就可以恢复正常视力。这种从黑暗环境进入明亮环境时的适应称为明适应。明适应通常在两分钟之内就能完成，但是暗适应是眼睛从明处到暗处，开始灵敏度很低，然后逐渐增加，最后达到稳定和清晰，在

---

① 郝洛西，杨公侠. 关于购物环境视觉诱目性的主观评价研究［J］. 同济大学学报（自然科学版），1998，2（5）：585-589.

最初的15分钟里视觉灵敏度变化很快，以后就较为缓慢，半小时后灵敏度可提高10万倍，达到完全适应可能需要半小时或者更长的时间，这时视觉阈限才能逐步稳定在一定的水平上，具体时间取决于之前眼睛曝光的水平。除了暗适应、明适应，还有颜色适应。颜色适应的问题较为复杂，当眼睛处在一种颜色视场之下时，会受到该种颜色的刺激，在感受细胞疲劳之后，若将眼睛移向白色表面，则眼睛将呈现出该种颜色刺激的残像，例如原来的视场色为绿色，此时将呈现粉红色，出现颜色叠加的现象。要使眼睛色觉正常，也要有一个适应的过程。

适应水平不仅因人而异，而且对于不同的刺激水平，人们的适应能力也不相同。人们对所处的环境沿着某个维度如何评价和反应，部分依赖于环境和适应水平的偏差。环境与适应水平偏差越大，人们对那个环境的反应越强烈。当然，对于舒适的环境构成，个体间也存在着很大的视知觉差异。在对室内环境进行评价时，需要重视这种差异性，它对视觉环境的评价结果会产生很大的影响。

在实际照明设计中，依据视觉适应的要求，要考虑到人眼的明适应和暗适应的特征，加强过渡空间与过渡照明的合理安排和设计，才能避免视觉障碍情况的发生。如展厅入口处和室外的视觉关系，为了让展陈物品更加突出，通常降低展陈空间的基准照明，把亮度部分集中于展示物上，展陈空间整体亮度水平不高。室外如果是晴天明亮的自然光环境，这时就应该考虑到展厅入口处的照明过渡设计，强化室内外视觉过渡。在以前的建筑环境中，处理方法往往是被动地进行视觉适应而不是调节；随着建筑技术的提高，理想选择应是注意对室内视觉环境品质的调节。一般来说，人们对适应和调节的选择更趋向于将视觉不舒适的程度降至最低。

第二节　光环境中的视知觉特征

通过对视知觉理论基础的了解，我们可以知道，客观的信息通过视知觉发生作用，使我们的大脑做出判断。在本研究中，光环境对氛围的影响可以理解为：照明因素等客观因素信息通过视知觉特征传递到我们的大脑中，然后我们的大脑对环境氛围做出相应的判断。因此，照明因素对氛围的影响不是直接发生的，而是通过视知觉特征作用的结果，不同的照明因素变化形成不同的光环境和不同的视觉特征，产生了我们所认为的不同氛围。

一、光照图式

光照图式是指光在空间中的分布形态。光源和不同的灯具形式以及建筑构件结合在一起，可以在空间中形成不同的光照图式。照亮一个空间通常来说有三种方法：重点照明、局部照明和整体照明。

重点照明是照明中常用的方向性照明，通过局部提高或者降低照明强度，形成一种有亮度变化和阴影的构图，并由强烈的对比造成一种精神动力。在商业展示环境中，其目的主要是加强顾客和产品之间的关系。关于重点照明图式，见图2-3（a）。

局部照明是为了完成某种工作或进行某种活动而去照亮空间中的一块特定区域的照明方式。通常光源被安放在工作面附近，可以放在上方或者侧方，这样比采用均匀式照明更有效、更直接。局部照明可以形成不同的有趣的空间氛围，把空间分割成几块，给人以不同的心理感受。关于局部照明图式，见图2-3（b）。

整体照明（或环境照明）是以一种均匀普遍的方式去照亮空间。这种照明的分散性可以有效降低工作面照明与室内环境表面照明之间的对比度。整体照明还可以用来减弱空间中的阴影，使墙壁的转角处变得更柔和而舒展，为人们活动时的安全性提供一个舒适方便的照明水准。关于整体照明图式，见图2-3（c）。

（a）重点照明图式　　　（b）局部照明图式　　　（c）整体照明图式

图2-3　各种形式的照明图式

二、亮度分布

亮度分布是指光源亮度在空间中的分布形式，是极为重要的照明视知觉品质准则。亮度分布分为均匀亮度分布和非均匀亮度分布。非均匀亮度分布的空间有两类：（1）照明不均匀的空间，其总印象是由各部分视亮度印象的平衡决定的，故为心理平均，如室内构成的二次空间与原空间的照明加强关系，二次空间通过强化地面照明突出原空间的界面，此类非均匀亮度分布如图2-4（a）所示。（2）反射亮度不均匀的空间，其非均匀亮度分布是由均匀照明下各个界面的不同反射率引起的，不存在个别的视亮度印象，故总印象还是亮度的平均值。如把一张白纸放在黑色桌面上，白纸的亮度会高于桌面，即使两者的照度完全相同，它们的亮度也会有所不同，主要因为纸张和桌面的反射率并不相同。图2-4（b）展示了一个空间由于材质反射率不同而造成的非均匀亮度分布。

（a）空间界面不均匀　　　　　　（b）反射亮度不均匀

图2-4　非均匀亮度分布的空间

三、亮度对比

眼睛要识别目标物，实际上需要把它与相邻的背景做比较才能实现，所以亮度对比定义为物体亮度与其背景亮度的差异比值。在实际照明设计中，亮度对比根据作业性质的不同，又分为工作环境亮度对比和展示环境亮度对比。本书主要讨论展示环境亮度对比，这里确定所需的对比值叫作"加强系数"，不同的加强系数会造成不同的展示效果（见图2-5），这个比值越大，照明的目标物体就会越夸张地展示在人们面前。一般来说，不同的加强系数和主观亮度比、强调效果的对应关系如表2-1所示。

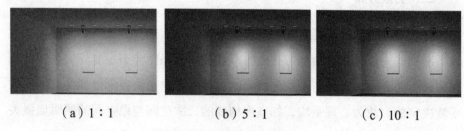

（a）1：1　　　　　（b）5：1　　　　　（c）10：1

图2-5　不同加强系数的效果

一般来说，增加亮度可以加强人对对比效果的敏感性。但在增加亮度的同时，也必须考虑到入射方向、照射物体表面的性质以及观察者的位置，以防造成不当的反射甚至眩光。

表2-1　不同加强系数下的表现效果

加强系数	主观亮度比	强调效果
2：1	—	微弱
5：1	2.5：1	轻度
15：1	5：1	中度
30：1	7：1	高度
50：1	10：1	戏剧性

四、显色性

光源对于物体颜色呈现的程度称为显色性，也就是颜色逼真的程度，是通过与同色温的参考光源或基准光源（白炽灯）下物体外观颜色的比较得出的。显色性高的光源对颜色的表现较好，所看到的颜色也就较接近自然原色；显色性低的光源对颜色的表现较差，所看到的颜色偏差也就较大。

第三节 商业环境氛围的基础理论

一、商业环境氛围的基本概念

"氛围"在《辞海》中的定义为：围绕或归属于一特定根源的有特色的高度个体化的气氛。其详细解释为：周围的气氛和情调。"情调"指人在情感活动中表现出来的基本倾向。所以总的来说，"氛围"既包含环境的气氛，又包含人在环境中的情感倾向性。范·厄普将氛围分为气氛、喜好、空间气氛、联想等诸多非量化因素。[1]根据氛围的定义，本书有关"氛围"所包含的内容见第一章第四节。

二、情感评价与氛围评价的辨析

当我们遇到一个环境或者处于一个环境中时，如何对环境中潜在的主观因素进行表达呢？一般来说有两种方法：一种是情感评价，另一种是氛围评价。

（一）情感评价

当遇到一个环境时，我们需要做出判断：它是否是令人感到舒适的、害怕的、兴奋的、有趣的等等。在商业环境中，我们将要做出的选择或行为将

---

① Van Erp T A M. The effects of lighting characteristics on atmosphere perception［D］. Eindhoven, The Netherlands：Eindhoven University of Technology，2008：29-33.

依据这些判断结果来决定，而这些判断就是我们对环境的情感评价。

情感是一个非常广泛的范畴，包含情绪和心情两个方面。进一步来说，情绪是一个存在时间相对较短的情感状态，比如我们看到某个动人的情节会情不自禁地流泪，情绪的存在时间可以是几秒钟或者几分钟，而心情则可以持续数小时或者数天，这里我们要将两者区分开。根据拉扎勒斯（Lazarus）的说法，情感其实是人对当前所处环境的认知评价（cognitive appraisal），其强度和类型的划分主要依据此时所经历环境的重要性。[①]

既然情感是一种状态，那么人们在对一个环境进行主观情感评价时，应如何表述呢？研究者为了寻找情感评价的简单方法，经历了相当长的时间，得到了两种方法。

第一种方法是归类法，这种认知方法包含许多最基本的情感形容词，如埃克曼（Ekman）所列举的一些词汇，这些最基本的词汇又包含许多与这些词的基本特点相关的词汇，这样就构成一个情感评价的术语集。[②]

第二种方法是维度法，依据这种方法，任何一种情感都存在于某个多维空间中。梅拉宾（Mehrabian）和拉塞尔（Russell）提出了PAD模型，在这个模型中，任何一种情感都可以用三个维度来表示，即愉悦（pleasure）、唤醒（arousal）和控制（dominance），每个维度都包含正向和反向两种状态。[③]随后，沃森（Watson）、克拉克（Clark）和特勒根（Tellegen）提出了PANAS模型，这是一个二维情感空间：PA（positive affect）是指积极情感，包括热情（enthusiasm）、积极（activeness）和警觉（alertness）等；NA（negative affect）是指消极情感，包括悲痛（distress）和承诺（engagement）等。[④]

正如开始所述，情感评价是我们判断环境的某一个方面，如感到压力或

① Lazarus R S. Emotion and adaptation [M]. New York: Oxford University Press, 1991.

② Ekman P. An argument for basic emotions [J]. Cognition and Emotion, 1992 (6): 169-200.

③ Mehrabian A, Russell J A. The basic emotional impact of environments [J]. Perceptual and Motor Skills, 1974 (38): 283-301.

④ Watson D, Clark L A, Tellegen A. Development and validation of brief measures of positive and negative affect: the PANAS scales [J]. Journal of Personality and Social Psychology, 1988, 54 (6): 63-70.

感兴趣等，这表明那个地方具有情感特征，能够引起心境的变化。拉塞尔和沃德（Ward）认为，在对环境的研究中，发现情感质量是一个显著和重要的主观评价方法，人们在诠释和比较环境时往往采用情感评价这种方式。我们在对环境或者空间进行情感主观评价时，应注意将其与环境评价区别开，情感评价是针对环境中的一些能够引起人的心境变化的情感部分，而环境评价则是针对环境中的一些客观或者物理部分。拉塞尔和沃德认为，要将所有词汇按这两个部分完全区分开是不可能的，因为绝大部分词汇是这两者的结合，当使用语义差别量表评价一个环境时，有时很难区分主观情感和客观非情感。[①]

（二）氛围评价

室内场所环境包含诸多元素，如家具、照明、饰品、气味以及音乐等。如果对场所进行情感评价，那么首先就要确定场所在当时是对人最重要的部分，并且肯定这时环境中的其他因素在这个场所中对人来说是次要的。如果其他因素在当时对人来说更具有异常的意义，那么就代表引发的情感极有可能是由其他更重要的因素引起的，于是人的情感评价结果就不仅仅是针对这个场所。比如你在餐厅里吃饭，促使你情感产生变化的可能是能够让你产生悲伤情绪的歌，这个时候在你完全被这首歌所吸引，所以你的情绪是悲伤的。如果这时你对这个场所进行情感评价，其结果肯定是悲伤的。事实上，这个场所的气氛给许多人带来的感觉是很兴奋的，这样的评价就与结果正好相反，失去真实性。

由上面的分析可知：人的情感状态可以被场所之外的许多非环境因素所影响，那么对环境进行情感评价的方法可能不太适合描述人当时的情感状态。换句话说，通过询问当时人的情感状态来获知信息是不太合适的，因此只能对环境进行主观评价，这样比较容易得到一些相对客观的数据。人可以从两个层面来评价环境：一种是用形容词来就环境的某个特征进行直接描述，另一种是从整体的角度就环境氛围进行评价。

---

① Russell J A，Ward L M，Pratt G. Affective quality attributived to environments：A factor analytic study［J］. Environment and Behavior，1981（13）：311-322.

第四节 影响商业环境氛围的照明因素

贝克（Baker）等人通过研究将影响商业环境氛围的因素归结为三大方面：设计（design）、环境（ambient）和社会暗示（social cues）。也就是说，这三个因素对商业环境氛围构成了重大影响。[①]除去设计和社会暗示因素，照明作为构成环境的重要元素，不但能够满足商业环境基本的可视性要求，而且可以通过其强度的变化来界定和围合空间，无形地改变室内的氛围，对销售业绩的提升具有不可替代的作用。本节就商业环境中的照明因素相关概念进行阐述。

一、照明方式

室内照明类型就光在空间中形成的图式而言，可分为四种：环境照明、垂直面照明、重点照明、装饰照明。

（一）环境照明

环境照明是指对整个水平面进行照明的光照方式。在这种方式下，光的分布较为均匀，能在空间中产生一个相对柔和的环境，如图2-6（a）所示。

（二）垂直面照明

垂直面照明是指对垂直于水平面的墙面或者物体进行照明的光照方式。这是一种面向对象的照明，其主要目的是加强空间的比例感，使得空间边界清晰化，如图2-6（b）所示。在实际设计中，垂直面照明也常常作为背景照明来使用。

---

① Baker J，Parasuraman A，Grewal D，et al. The influence of multiple store environment cues on perceived merchandise value and Patronage intentions［J］. Journal of Marketing，2002（66）：120.

（三）重点照明

重点照明的目的是强调个体对象或者视野中的一片区域，有助于提升展示元素的被关注程度。重点照明对展示对象的造型和表面纹理都有很好的表现作用，如图2-6（c）所示。

（四）装饰照明

这种方式一般是用投影机对准标志、图案或者图像进行投影，在空间中形成有趣的图式，如图2-6（d）所示。装饰照明有助于增强人们的信息意识，特别是在商业环境中，这种刺激将会给人留下深刻的印象，有助于品牌形象的建立。

（a）环境照明

（b）垂直面照明

（c）重点照明

（d）装饰照明

图2-6　不同照明方式

二、照度和亮度

光强是指光源向空间发射光的数量多少，而光的数量多少可以用两个指标来表现：照度和亮度。照度是指物体被照亮的程度，采用单位面积所接受的光通量来表示，表示单位为勒克斯（lx），即流明/平方米（lm/m^2）。亮度是指光源表面发光强弱的物理量，人眼从一个方向观察光源，在这个方向上的光强与人眼所"见到"的光源面积之比，定义为该光源单位的亮度，即单位投影面积上的发光强度。亮度的单位是坎德拉/平方米（cd/m²）。人眼所感觉到的空间整体亮度与光源的强弱以及空间亮度分布有关，它们之间的关系如图2-7所示。

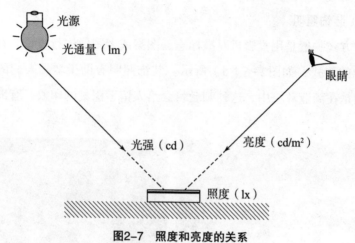

图2-7 照度和亮度的关系

三、色温

光源发散出的光的颜色通常用色温（CT）或者相关色温（CCT）指标来描述，光源的色温是通过对比它的色彩和理论的热黑体辐射体来确定的。热黑体辐射体与光源的色彩相匹配时的开尔文温度就是那个光源的色温，它直接和普朗克黑体辐射定律相联系。

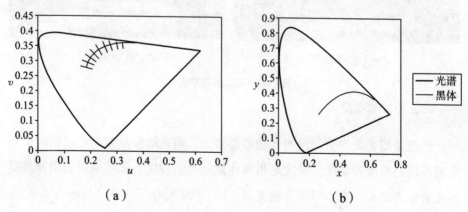

图2-8 1931年国际照明委员会标注的色坐标中的普克朗曲线

一般来说，发光颜色可以用色坐标来表示，但因为色坐标是通过x轴和y轴的两个坐标数字来表示的，既不简洁又不直观，所以在研究应用中常用色温来表示照明光源的发光颜色。如图2-8（a）所示，当光源的色度坐标落在黑体曲线上时，它的颜色可以用色温（CT）来表示；如图2-8（b）所示，色坐标中的点与黑体曲线上的色温相对应，都有一个相关色温（CCT）。人感觉到的光色与光源的色温、种类以及室内主要表面材料的颜色反射率有一定的关系。

四、显色指数

显色指数系数仍为目前定义光源显色性评价的普遍方法。显色性的高与低，关键因素在于光线的"分光特性"。可见光的波长在380～760 nm范围内，如果光源放射的光中所含各色光的比例和自然光相近，那么眼睛所看到的颜色就较为逼真。再好的装潢、摆设、艺术品、衣服等也会因选择的光源不合适而失色。显色指数（Ra）越高的光源，对自然光照射下物体所呈现的颜色的还原性也越高；反之，显色指数低则会导致颜色失真，如图2-9所示。

极好　　　　　　　　较好　　　　　　　　普通

Ra=100　　　　　　Ra>80　　　　　　60<Ra<80

图2-9　不同显色性下物体的色彩表现

同时，不同的灯具所具有的显色指数也不尽相同。表2-2列出了不同光源的显色指数范围（0～100），为设计提供一定的参考基础。

表2-2　不同灯具的显色指数范围

光源种类	显色指数	光源种类	显色指数
白炽灯	100	金卤灯	65～93
卤钨灯	100	荧光灯	51～95
高压钠灯	42～52	高压汞灯	25～60
节能灯	85	低压钠灯	25

五、灯具布置

灯具布置主要是确定灯具在室内空间中的位置。灯具布置对照明质量有着重要的影响，光的投影方向、工作面的照度、照明均匀性、直射眩光、视野内其他表面的亮度分布等，都与照明灯具的布置有直接的关系。

灯具布置包含高度布置和平面布置两个方面的内容，即确定了灯具在空间中的三维坐标。灯具布置的原则应满足：

（1）合理的照度水平；

（2）适当的亮度分布；

（3）必要的显色性和入射方向；

（4）限制眩光作用和阴影的产生；

（5）合理的距高比；

（6）美观、协调；

（7）具有一定的安全性，特别是在高度方向上。

其中，灯具间距L与灯具的计算高度H的比值称为距高比。灯具布置是否合理，主要取决于灯具的距高比是否恰当。距高比值小，照明的均匀度大；距高比值大，则不能保证得到规定的照明均匀度。

本章小结

本章从两个方面，即照明形成的视知觉特征和商业室内环境氛围入手，阐述了相关的理论基础，并做出分析，主要内容包含以下三点：

（1）从视知觉角度对光环境中的视知觉特征进行了相关的介绍，为后面的研究梳理工作提供理论依据。

（2）对商业室内环境氛围的基本概念及相关内容做了进一步界定，并对两种主观评价方法（情感评价和氛围评价）的原理和区别做了辨析。

（3）对影响商业室内环境氛围的照明因素进行了分析总结，归纳了照明方式、照度与亮度、色温、显色指数以及灯具布置等五个方面的内容。

本章一方面反映了照明因素对商业室内环境氛围有着重要的影响，对本研究具有重要的实际意义，另一方面也为探索影响家具商业展示空间氛围的主要照明因素做了铺垫。

第三章 空间视觉环境的评价及数据分析 »

　　环境评价涉及人对环境感受的诸多方面，譬如对环境的表象描述、观感描述、满意喜爱度和情绪等的主观评价，它们都是在我们与环境的相互作用过程中发展出来的。家具商业展示空间作为商业零售场所，其具体视觉环境是室内设计和照明设计综合的结果，因为若无光线，在黑暗中室内设计也就无所谓可视性。近些年来，由于建筑、照明、心理学等领域的合作研究，已经形成了一种评价和鉴别光环境质量的科学方法：依据设计目标规划实验设计的方法流程，利用语义差别量表收集数据并用统计学方法处理有效数据，通过数据分析得到视觉环境的评价结果。

第一节 实验设计

　　心理物理学是用人的行为反应来测量人对客体感知到的物理特性，目的是要建立物理参数与主观反应的函数关系。函数变量在心理学研究中可以分为三类：刺激变量、机体变量和反应变量。来自外部环境的函数变量叫作刺激变量，是研究者感兴趣或注意到的对被试心理或行为可能产生影响的外在条件或因素。机体变量是指可能对被试的心理或行为发生影响的、被试自身的特征或身心状态，虽然这些变量是研究者不能随意操纵的，但是研究者可以按照实验设计的要求主动选择机体变量的水平并将其作为分组变量。反应变量是指研究过程中被试的反应或内外变化，也叫作因变量。反应变量是指在研究过程中需要观测和记录的变量，如不同光照条件下的反应时间。实验设计的主旨是探求两个或者多个变量之间的关系，如灯光的强度是否会影响人对空间的观感。研究者需要至少操纵或改变一个变量以探讨它对其他变量的影响关系。依据被试在实验中的处理次数、自变量的数量和水平等因素，可以将实验设计做如下分类。

一、完全随机、随机区组和拉丁方实验设计

完全随机实验设计通过随机分配被试给各个实验处理，每组被试只在一种实验条件下接受测试，以期实现各个处理的被试之间在统计上无差异，如果数据存在显著的组间差异，说明研究变量的不同水平会带来测试结果的显著变化，由此验证研究变量与被试变量之间的因果关系或相关关系，当然这种关系产生的前提是各组被试具有统计学上的方差齐性。随机区组实验设计是通过区组技术控制无关变异，将无关变异从总变异中分离出去，减小误差变异，提高F检验的精度。随机区组实验首先要分析实验对象个体间的主要差异以及由此可能引起的实验测量数据的不同，然后实验者制定标准按区组划分实验对象，控制每个区组中的实验对象间的差异性，最后将每个区组被试随机均等分配至实验处理中。拉丁方实验设计利用随机区组的思想，不同的是它能区分两个无关变异，可进一步提高实验的精度。

二、被试间、被试内和混合实验设计

被试间实验设计又叫作非重复测量实验设计，是指实验中每个被试只接受一种自变量水平或自变量水平的结合，完全随机、随机区组和拉丁方实验设计都属于被试间实验设计。被试内实验设计是重复测量实验设计的一种形式，把随机区组实验设计进一步发展，即由一个被试（而不是一组同质被试）接受所有的自变量水平或自变量水平的结合，就是被试内实验设计。这种设计把实验中由被试带来的无关变异减到最小的限度。被试内实验设计的使用前提是：先实施给被试的自变量水平或自变量水平的结合对后实施的自变量水平或自变量水平的结合没有长期影响。混合实验设计是指一个实验设计中既有被试内自变量，又有被试间自变量，它也是重复测量实验设计的一种形式。在混合实验设计中，对于实验中的被试内变量，每个被试接受所有的自变量水平或自变量水平的结合；对于实验中的被试间变量，每个被试仅接受一个自变量水平或自变量水平结合的处理。混合实验设计是实验设计中的复杂形式，是一种最有实用价值的实验设计。

三、单因素和多因素实验设计

实验设计最简单的形式是实验中只有一个自变量，被试接受这个自变量的不同水平的实验处理，这就是单因素实验设计。依据前述的分类方法，单因素实验设计又可以采用单因素完全随机实验、单因素随机区组实验、单因素拉丁方实验和单因素重复测量实验等方式。相比于单因素实验设计，多因素实验设计可以计算两个或两个以上自变量之间的交互作用。在实验设计中，当同时考察多个因素的影响时，发现一个因素的影响只表现在另外几个因素的某个水平上，而不是在另外几个因素的所有水平上表现出来。在多因素实验设计中，自变量水平的交互作用往往比自变量的主效应提供更多的信息。多因素实验设计同样也可以按照被试的完全随机、随机区组以及重复测量来进行分类。以三因素实验设计为例，具体可以分为：三因素独立样本实验设计、二因素独立一因素相关实验设计、一因素独立二因素相关实验设计和三因素相关样本实验设计。

第二节　语义差别量表

在视觉环境研究中，一般使用问卷、数值量表、强迫选择量表和图示量表等，来记录人在受到外界环境刺激后机体的主观反应。在大量的文献中，语义差别量表是最常用的评价方法，它通常应用在比较复杂的一些课题研究中。语义差别量表是由奥斯古德（Osgood）等人提出的，他们认为大多数环境的知觉是由有效、活动和评价三个基本维度组成的。弗莱恩（Flynn）是第一个在照明领域内使用奥斯古德语义差别量表的研究者，从此这种方法被研究者广泛采用来探求视觉环境的品质。这种量表是由一对反义的形容词和一个奇数的量表组成的，通常采用五级或者七级，例如被试评价一个照明空间的清晰程度，就可以用如表3-1所示的语义差别量表。中心部位的数字"0"表示中性，表示既不清晰也不模糊；正数表示清晰，随着正数数值的增加，清晰度逐步升高；负数表示模糊，随着负数数值的递减，模糊度逐渐增大。

表3-1　关于"模糊-清晰"的语义差别量表

评价程度	非常模糊	模糊	有点模糊	一般	有点清晰	清晰	非常清晰
分值	−3	−2	−1	0	1	2	3

语义差别量表中使用的形容词汇应适合评价空间的视觉环境，这种评价的主观感受涉及描述、满意、喜爱和清晰等方面，它们都是在我们与环境的相互作用中发展出来的。卡斯玛（Kasmar）从学生对建筑总体和局部的描述评价所产生的195对两极形容词中，挑选66对来构成她对建筑环境的评价词汇。杨公侠在《视觉与视觉环境》一书中提出了关于空间视觉清晰度量表、宽敞度量表、评价性量表、轻松度量表、复杂性量表、修饰语量表等的28对两极形容词。郝洛西根据54名大学生对不同房间的描述情况获得197对两极形容词，再通过另外42名大学生对197对两极形容词的可靠性进行评定，筛除

131对两极形容词后，建立了一个包括66对两极形容词的视觉环境描述量表，并且将其应用于对商业零售环境视觉诱目性的主观评价中。郝洛西之所以通过研究量表的意义以及与其他量表之间的关系来筛选形容词汇，是因为奥斯古德等在发现和使用量表时所表现出来的不一致性情况并不是由随机误差和系统误差引起的，通过对量表之间的相关性分析可形成评价量表的稳定性。在此之前，戴尔·蒂勒（Dale Tiller）和马克·雷（Mark Rea）在两个研究中鉴别和比较了两套不同数据的语义差别量表，这是第一次在照明方案研究中检验量表之间的相关性，并对研究意义进行了讨论，就如何改进语义差别量表使用方法进行了详细说明。

语义差别量表除产生量表稳定性问题之外，在使用和制定时还会出现评价的"成见效应"，即被试将具体的评价结果与对事物的熟悉程度相联系，有可能放大对事物的评价结果，如被试长时间处在较高亮度的空间中，对亮度水平的评价可能过低或过高，在量级评价上把握不准。对于此种情况，首先要让被试了解刺激的构成，确保被试评价内容的确定性，用一致的方式来评价刺激。对于不同的刺激水平，传统的心理物理学解决方法是给被试提供一个标准刺激，作为在实验中进行刺激对比的基准。具体而言，在正式实验前可以给被试提供一系列先导实验，告知被试研究中反映维与量表以及刺激水平与量级的对应关系，以确保实验过程评价的有效性和准确性。波尔顿（Poulton）在实验中预先使用参照刺激水平来定义评价量级，努力保证不同的被试一致使用个人反映维来判断不同刺激的相同方面，限制评价中的误差。例如在评价"视觉清晰–视觉模糊"的反映维时，预先将被试引导进入一个高照度水平的房间中，当空间或物体细节清晰时告之照明评价为"视觉清晰"，反之进入一个临界的低照度水平房间后，当分辨不清某个物体或空间细节时则告之为"视觉模糊"，再把照度不同的中间刺激水平用于反映量表中的几个分级。这样通过严格定义和给出相应清晰指示后，能够有效克服误差。

第三节 评价数据分析

在利用语义差别量表采集数据后，研究者的一项重要工作就是对采集的数据进行统计学处理，数据处理是否合适关系到研究者能否得出正确的结论。但是如何处理实验数据，并不是在实验结束后决定的，而是在实验设计的时候，研究者必须同时考虑到数据处理的方法，以便实验中收集的数据既能适合理论假设，也能适合实验设计和统计的要求。

根据照明研究的对象和结构，统计学通常使用的方法有方差分析、相关性分析和因素分析等，当对三个以上的样本进行差异性检验的时候，要使用方差分析。方差分析的逻辑基础或假设前提就是数据变异量的可加性或可分离性。相关性分析和因素分析是基于相关关系而进行的数据分析技术，是建立在众多数据基础上的降维处理方法，其最主要目的是探索隐藏在大量观测资料背后的某种结构，寻求一组变量变化的"共同因子"。

一、方差分析

方差分析（analysis of variance或ANOVA）是由英国统计学家费舍尔（R. A. Fisher）发展的。F检验就是以他的名字命名的。与T检验相比，方差分析可以同时检验两个或两个以上平均数之间的差异性，并且可以解释几个因素之间的交互作用。方差分析有力地促进了复杂实验设计的发展，它使研究者有可能通过实验设计，深入探讨问题的实质。

一组数据的离差平方和（常表示为SS）的平均值叫作方差，它能够将多个因素在导致数据样本变异过程中的平均贡献分离出来并进行比较。当数据组中的数据集中于一个较小范围内时，数据间的差异性较小，数据总体上离平均数也比较近，所以方差比较小。相反，当数据分散在一个较大范围内时，数据离平均数较远且差异性较大，所以方差比较大。方差反映的是一组数据的离散程度，方差分析与其他参数检验方法一样，也有适用条件。首先，数据样本通常来自正态分布的总体，因为在心理学研究中，大量变量数据基本上都服从正态分布，所以一般不需要对总体进行正态性检验。其次，方差分析前还需要进行方差齐性检验，若方差不齐，原则上就不能进行方差分析。方差分析最重要的逻辑基础是变异可加性，而变异可加性要求组内变异与组间变异是相互独立的。一般用F检验来比较组间和组内变异方差的差异显著性，如果$F \leq 1$，说明组间变异不太大，数据总变异中的相当部分是由于被试差异和测量的随机误差带来的，不能归因于不同观测条件；如果$F>1$且F值落入$P<0.05$的临界区，说明数据组间方差显著性大于组内方差，反映了不同观测条件下的测量结果存在显著性差异。

依据样本性质、自变量数量及水平不同，单因素和多因素的实验方差分析也有所不同。其中，单因素方差分析适用于三组及三组以上平均数差异检验，研究单个变量对实验结果的影响。单因素完全随机实验设计（由于数据组之间不存在相互关联性，该实验设计也叫作单因素独立组实验设计）的方差分析，首先是计算和分解变异量及自由度，其次计算均方和方差，接着计算F比率和确定其显著性水平，最后给出方差分析表。与单因素完全随机实验设计的方差分析过程相比，单因素随机区组实验设计方差分析过程只是增加了区组间变异量和自由度的计算，这样就可以从总变异量和自由度中减去组间变异量和自由度、区组变异量和自由度之后，得到残差项的变异量和自由度。单因素重复测量实验设计也叫作组内设计，与单因素随机区组实验设计的方差分析几乎一致，只要将区组变异改为被试间变异即可。

两因素方差分析可以看成两个单因素方差分析的组合，它除了像单因素方差分析一样可以检验自变量的主要效果，还可以检验两个变量间是否存在交互作用效果。当交互作用存在时，表示两个自变量间互为影响因素，此时检验各自变量的主要效果就变得没有意义。换言之，当进行两因素方差分析时，首先应该先检验两个自变量的交互作用效果是否存在，如果存在，就要进一步进行单纯主要效果检验。若交互作用效果不明显，就表示两个自变量各自独立，此时即可分别检验两个自变量的主要效果，相当于进行两次单因素方差分析；若主要效果达到显著水平，再选择适当方法进行事后比较。

多因素实验设计方差分析以三因素为例，三因素方差分析可以看成三个单因素方差分析的组合，也就是说，研究者一次同时操作三个自变量。三因素方差分析除了可以检验每一个自变量的主要效果，还可以进一步检验两个自变量间的交互作用效果，以确定两个自变量是否彼此独立，而且可以同时检验三个自变量间是否存在交互作用效果。当三个自变量彼此独立时，其结果与进行三次两因素方差分析并无不同；但当三个自变量彼此相关，并且存在交互作用时，若只是进行两因素方差分析，将会产生错误的结果。

二、因素分析

因素分析又称因子分析，是基于相关关系而进行的数据分析技术，其产生与发展得益于20世纪初心理学家对智力的研究。1904年英国心理学家查尔斯·斯皮尔曼（Chales Spearman）提出了智力"二因素说"，即认为智力是由一般因素和特殊因素构成的，这是使用因素分析的起点。20世纪30年代后期，美国心理学家瑟斯顿（L. L. Thurstone）等人在研究中提出"群因素理论"，通过旋转因素轴的方式得到因素的简单结构，并认为通过旋转的方法所得到的因素可以是相关的，也可以是不相关的。如果因素是相关的，则可以对其进行再次分析，得到所谓的高阶因素。这也是因素分析"因子旋转"与"高阶因素"的思想。其后，因素分析思想逐渐被应用在军队选拔人才、个性差异研究方面，验证性因素分析越来越受到人们的重视，但是验证性因素分析尚处于发展阶段，其自身还存在一些不足。到了20世纪70年代，探索性因素分析在方法上已趋于成熟，应用领域也扩展到态度、兴趣、学习等方面的研究。

因素分析的基本思想是在众多的可观测变量中，根据相关性大小将变量进行分组，使同组内的变量间的相关性较高，不同组的变量间的相关性较低，从而使每组变量能够代表一种基本结构。每一种基本结构表示为一种公共因子。因素分析的目的是用少量的因子概括和解释大量的观测变量，从而建立起简洁的、更具有一般意义的概念系统。

因素分析主要分为如下几个步骤：第一步是进行适合度检验，确定获取的测量数据是否适合于进行因素分析。适合度检验通常有巴特利特球形检验（Bartlett-test of sphericity）、反映象相关矩阵检验（Anti-image correlation matrix）以及KMO取样适合度检验（Kaiser-Meyer-Olkin measure of sampling adequacy）。以最后一种方法为例，KMO>0.9表示非常适合，KMO<0.7则表示不太适合。第二步是构造因素模型并确定因子数量，主要涉及因素提取和因子数的确定。因素提取的方法有很多种，使用最多的是主成分分析，因其对数据总体分布没有特殊限制，故使用范围很广。提取的公共因子数量需要在因素模型的准确性和简单性之间做较好的权衡，通过数学方法将给定的一组相关变量表示成另外一组相互独立变量的线性组合，即主成分，使用主成分分析方法进行变量的线性变换后，得到一系列方差贡献力大小不等的新变量，然后从中依次确定能够对解释原变量变异信息做出最大贡献的若干因子。通常采用碎石检验确定因子数量，碎石检验是以碎石图来表现的，一般是以碎石图曲线从迅速下降到突然变平缓的那个拐点所对应的因子数来确定因子数量。第三步是因子旋转，通过正交旋转或者斜交旋转使得因素模型的意义更加明显。因子的正交旋转或者斜交旋转可以实现因子载荷的两极分化，得到更为有效的新的因子模型，而这些因子对原变量的解释更为明确，更容易显示出因子本身的内涵，从而更容易进行因子命名。最后一步是因子得分与因子命名。因子得分的计算方法通常采用多元线性回归的方法，因素分析的基本模型是"$X=A \cdot F+e$"，包含公共因子的部分$A \cdot F$和误差部分，若忽略误差部分，就可将因素分析的基本公式视为一个多元回归方程，因子得分相当于其中的回归系数。因素分析的目的是建立合适的拟合模型，即用较少的几个因子解释大量的数据变化。所以在对提取的因子模型进行解释的过程中，应不仅仅局限于统计学知识，而应结合心理学的专业知识以及相关经验，对数据做出心理学层面的解释。因子命名带有很强的专业性和主观性，能体现研究者的个人专业素养。

第四节　信度和效度

评价一种研究方法的效力，只须看它的信度和效度。信度和效度是对主观评价结果检验的两个基本要求，信度就是指可信度，也就是评价结果的可靠性，而效度是指评价结果的准确性。效度检验可以让我们发现研究方法是否能解释那些需要解释的问题，信度检验能确定研究者使用或重复使用一组方法所收集的数据的可比性。对于理想视觉环境的主观评价，无疑要具备良好的信度和效度。

一、信度

信度是指根据测验工具所得到的某种心理性质评价结果的一致性或稳定性。一个实验具有了信度，使用者才能确定样本行为表现是否一致，否则实验结果只能说明样本在"某一特定时间"或者"某一特定行为"上的表现。因此从某种程度上来讲，信度值是指在某一特定类型下的一致性，并非泛指一般的一致性，信度系数可能因不同时间、不同试题或不同评分者而出现不同的结果。当然，决定信度最佳的方法是在完全相同的情境下对一组样本施测两次，再比较其分数的差异情形，但实际上这种方法可操作性不强。评价的有用性取决于评价的可信度，对于视觉环境评价而言，评价行为本身会受到诸多因素的影响而产生误差，通常这种误差不是由系统误差产生的，而是由随机误差产生的，这些误差包含被试的个人状态（如评价时身体不适、大意）、评价本身的健全性（如问卷难度过高或过低）、评价的长度（即量表评价项目的数量）、被试样本的变异性和评价的难度等。评价过程愈长，信度系数便愈高，评价所产生的得分也愈准确和可靠。被试之间的异质性愈大，也就是他们之间愈不相同，则评价的信度愈高。如果所有的量表呈现太难或太容易理解的现象，则评价的信度必会降低。在评价过程中，被试应尽可能对这些因素加以控制，以减少误差的发生。如果评价过程中存在的误差愈小，则其信度愈高，其评价结果便愈可信；反之，则信度愈低，评价结果愈不足以信赖。由于检验完全依据统计分析方法，因此它必须在实验实施之后，根据所搜集到的数据，采取适当的方法检验实验结果的信度。

对于视觉环境评价信度，常用的检验方法有重测信度、分半信度和克伦巴赫系数（Cronbach's alpha或Cronbach's α）。重测信度是以同一测验在不同的时间对同一样本施测两次，根据样本在前后两次测验中的得分，求两次测验的相关系数。根据系数的高度就可以预知被试在判断同一场景时下一次实验的评价趋势。但这种稳定系数要注意两次实验的时间间隔，过短会造成假性相关的现象，过长则会影响实验结果，使得稳定性降低。这种间隔时间应根据被试的特征来确定，例如一个对照明视觉环境评价的实验，若被试是属于照明设计专业或者对照明专业有了解的相关设计行业的人，重测间隔时间可以稍长，因为他们对专业有较深的理解，有稳定的心理特征，评价结果趋于稳定。而对于非照明专业被试，由于他们对实验量表的词汇和变量参数的理解不够深刻，时间间隔稍长再进行实验，会由于前后两次对实验内容的理解不同而导致评价结果的不同，所以间隔时间可以稍短。当一个实验在没有复本可供使用，且只能实施一次的情况下，可以采用分半法求得信度。分半信度是先依一定程序进行一次实验后，再将该实验分成相等的两份，然后求得两份实验的相关系数。分半信度在使用上比重测信度要相对简单，但分半信度只是等值一致性量数，并不具有稳定的特质，且对于如何分半，目前学术界尚有争议，随机分半有一定的风险性。克伦巴赫系数基本属于"内部一致性系数"，但在计算时不需要分半处理，完全视各个评价量表间的一致性而确定其信度系数的高低。

信度是将实际得分和真正得分的个体间差异关系加以度量化，并以一数值来表示。信度可被界定为真正得分变异数在实际得分变异数中所占的比率，信度系数的可能数值应介于0.00和1.00之间，数值愈大，表示信度愈高。视觉环境评价的大部分信度通常位于0.00和1.00之间，极值很少出现，系数0.90便代表一种颇高的信度，可将此系数解释为实际得分所显示的个体差异，其中90%归因于真正得分所存在的差异，10%是由随机误差因素造成的，这表示该评价颇为准确。

二、效度

评价的结果具有一致性意味着评价具有较高的信度，但是一项评价工作可能具有很高的信度，但它并不一定能评价我们所针对的特质。所谓效度就是所要评价的特质具有的真确性和可靠性，效度高表示该实验能达到所要完成的目标。效度的原理可以通过评价得分变异的分析加以说明。我们已知评价的实际得分的总变异数为真正得分变异数和误差变异数之和。效度系数是在评价得分总变异数中，真正由其特质产生的变异数所占的百分比，亦即总变异数中可归因于所评价特质的变异之比例成分。根据美国心理学会于1985年出版的《心理与教育测验的标准》，效度可以分为三种，即内容效度、效标关联效度和建构效度。内容效度是指测验内容的代表性或对所要测量行为层面取样的适切性。如果测验的目的是预测样本未来的表现或是估计目前在其他测验上的表现，可采用效标关联效度来检验测验的效度，效标关联效度是一种属于事后统计分析的效度检验方法。前两种效度都是根据实际数据来说明测验结果的可靠性，建构效度则是从心理特质来解释实验的效度，最常用来检验建构效度的方法是因素分析。

影响效度的因素包括样本的性质、评价的信度和干扰的变项。所有评价在样本的取样上应力求群体的代表性，不可仅从群体中任意抽取一样本或挑选一特殊样本来建立评价的效度。评价的信度降低，则其效度也会随之降低。评价的效度在一定程度上会受到干扰项的影响，所谓干扰项是指评价所针对的特征之外的变项，如年龄、性别、文化水平、环境背景等。评价效度的高低包含两个基本因素：一是统计显著性，二是数值大小。统计的显著性是指所求效度数值的可靠性，传统上通常以$P<0.05$为最低可接受统计显著性水准，更严格的标准可将此水准提高到$P<0.01$或更高。$P<0.05$表示所求得的效度结果由随机误差而产生的概率在5%以下，也就是说95%以上的概率该数值是可靠的。任何低于此水准的结果在统计学上来说并没有意义。对于效度数值大小而言，统计显著性是评价数值意义的先决条件，无论数值的大小如何，它必须具有合乎一定水准的统计显著性，才能证明该数值是可信赖的，

而非因随机因素所产生。例如一项视觉评价的效度系数为0.65，其统计显著性为0.2，由于这一显著性未达到P<0.05的可接受水平，所以可以认为这一效度系数不具有可靠性。

本章小结

本章包括四个部分，从不同方面展开对空间光环境进行科学评价的方法论述。

第一部分主要介绍了根据设计目标进行针对性实验设计。相对于完全随机实验设计和随机区组实验设计，拉丁方实验设计能够区分更多的无关变异，是更有效的实验设计。混合实验设计既有被试内自变量，又有被试间自变量，相对于被试间和被试内实验设计，更具有实用价值。多因素实验设计不仅仅是单因素实验设计的叠加，往往能够提供自变量水平的交互作用结果。

第二部分着重介绍了语义差别量表。在实验过程中，根据实验设计的方式，采用由两极形容词组成的语义差别量表，可以收集被试对视觉光环境的评价结果。

第三部分主要论述了对利用语义差别量表采集的数据进行统计学方法处理。方差分析不但可以用来研究单个变量对实验结果的影响，而且可以提供多个变量不同水平之间的交互作用结果。因素分析则强调用少量的因子去概括和解释大量的观测变量。

第四部分重点阐述了对主观评价结果检验的两个基本要求：信度和效度。其中，信度是指评价结果的可靠性，用于确定研究者使用或重复使用一组方法所收集的数据的可比性；而效度是指评价结果的准确性，效度检验可以让我们发现研究方法是否能解释那些需要解释的问题。

总的来说，本章主要是为第五章的实验研究提供方法设计和数据处理的理论依据。

第四章　家具商业展示空间光环境调研 ≫

消费市场的竞争空前激烈，对于任何一个商家而言，为了充分发挥销售能力，都必须考虑室内环境中的每一个细节。家具商业展示空间的照明设计对于塑造商家风格、引导消费者将注意力集中到商业空间内部的兴趣点上，无疑发挥了巨大的作用。笔者认为，对家具商业展示空间进行实地测试和调研，能够掌握家具商业展示空间光环境的大致情况，通过分析、研究和总结所得出的结论具有一定的参考价值。

第一节　家具商业展示空间光环境实测调研

一、调研目的

《建筑照明设计标准》（GB 50034-2020）中只给出了有关商业展示空间的照度设计标准，本书第一章提及了该标准与实际使用情况的不相符合性，那么这种不相符合的程度到底有多大？对于其他照明因素而言，如亮度水平、色温、灯具使用形式等，该标准中均未提及。本节将以此为线索，对市场现状进行实地测试和满意度问卷调查，主要目的是从照明因素角度对调研结果进行深入细分，进而归纳总结，以期能够获得更有价值的结论。

二、调研对象

虽然各地的经济发展水平不同，在人文、社会以及地理方面也存在着较大的差异，但在"工业化"的潮流下，家具行业的商家独立建店销售的很少，考虑到集中性和方便的原则，家具商业展示空间大多集中在一些大型家具卖场中，如红星美凯龙、月星家居、居然之家、银座家居等，并在内部形成一个相对独立的空间。由于在家具品牌的整体包装和整体设计，尤其是照明设计基础都相对薄弱的情况下，各地家具商业展示空间的个性化差异不大，所以笔者认为，在中高端定位的卖场调查地点的选择上，无论选择哪里，其差异性应在可控的范围之内。在这次调研中，笔者选取了南京红星美凯龙和南京宜家家居两个卖场作为调研场所。这两个家具卖场内的家具商业展示空间或家具展卖区域的特征信息如表4-1所示。

表4-1　调研对象及其特征

地点	家具品牌	家具价格定位	家具店风格	家具材质	基本色调
南京红星美凯龙	10个品牌，分别是：迪信、美迪、槟榔、新维思、锐驰、大普、富运、健威、欧士达、明清风韵	中高端	个性化、多样化、充满现代感的贴皮板式家具	木质、皮质、玻璃、布艺为主，不锈钢、石材为辅	白色、黑色、棕色，搭配纯度很高的彩色
南京宜家家居	3个开放式家具布置区和6个情景式家具布置区	中端	现代简约板式家具	木质、玻璃、布艺为主	黑色、白色、灰色，搭配纯度很高的彩色

三、调研方法

本次实测调研采取以下方法：选择家具卖场内的典型商业展示空间进行

实地照度和亮度测量，走访经营部门的售货员，采访顾客，听取专业技术人员的意见，最后笔者记录评价结果。由于搜集数据时间短，数据量大，且考虑到营业高峰期与闲置期等诸多不利因素，在照度测量时，仅选取了几个有代表性的数据，目的是让我们对数据有一个宏观的概念性了解。

使用照度计（浙大三色SPR-300A CCD）和亮度计（柯尼卡美能达LS-100）进行实地测试，测量主要内容包括：照度水平、展示家具产品水平面最亮部分的亮度值以及展示家具背景平均亮度。

在实测家具产品及其背景亮度水平的基础上，笔者对顾客进行问卷调查，给评价者一个心理量表，用来评价视觉亮度满意度（取值范围为0%~100%），同时还给出四分位数的参考评语：太暗（25%）、可以（50%）、较好（75%）、最好（100%）。评价者可以在参考数值和评语的基础上，掌握自己的感觉量表，然后给出自己的评价结果。共计有25个被试（其中13个男性、12个女性，平均年龄28岁，均为在校学生，视力正常，且无视觉缺陷）。

四、调研结果

表4-2给出了红星美凯龙家具品牌店的照度水平测量结果，表4-3给出了宜家家居店各个家具布置区照度水平的测量结果，所有家具产品的照度水平值都是选择最亮的点测试的。在宜家家居店按类别摆设的家具布置区，测试地点并没有标注实际位置，用数字1~5代替，主要是由于这些区域照明相对均匀，无主次之分，可随机选择测量点。表4-4给出的是视觉亮度满意度评价结果。

表4-2　红星美凯龙家具品牌店照度水平实测结果

店名	灯具高度（m）	测试地点	照度水平值（lx）	照明方式种类	光色	灯具类型
迪信	3	沙发面	439	重点照明环境照明	暖黄色光	格栅射灯
		餐桌面	542			
		床面	385			
		过道	126			
		墙角暗区	57			

店名	灯具高度（m）	测试地点	照度水平值（lx）	照明方式种类	光色	灯具类型
美迪	3	沙发面	516	重点照明+垂直面照明环境照明	冷白光	T5荧光灯导轨射灯
		餐桌面	589			
		床面	477			
		过道	246			
		墙角暗区	145			
槟榔	3 2.5	沙发面	634	重点照明环境照明	暖黄色光	格栅射灯装饰吊灯
		餐桌面	678			
		床面	514			
		过道	331			
		墙角暗区	215			
新维思	3	沙发面	527	重点照明环境照明	暖黄色光	格栅射灯
		餐桌面	592			
		床面	483			
		过道	223			
		墙角暗区	118			
锐驰	3.2	沙发面	238	重点照明环境照明	中性白光	嵌入式格栅射灯
		餐桌面	367			
		床面	224			
		过道	96			
		墙角暗区	83			
大普	3	沙发面	779	重点照明环境照明	中性白光	格栅射灯
		餐桌面	876			
		床面	728			
		过道	525			
		墙角暗区	318			

续表

店名	灯具高度（m）	测试地点	照度水平值（lx）	照明方式种类	光色	灯具类型
富运	3	沙发面	523	重点照明环境照明	中性白光	格栅射灯
		餐桌面	578			
		床面	483			
		过道	246			
		墙角暗区	145			
健威	3	沙发面	415	重点照明环境照明	暖黄色光	格栅射灯
		餐桌面	452			
		床面	328			
		过道	186			
		墙角暗区	142			
欧士达	3	沙发面	423	重点照明环境照明	中性白光	嵌入式格栅射灯
		餐桌面	455			
		床面	386			
		过道	173			
		墙角暗区	134			
明清风韵	3 2.4	沙发面	428	重点照明环境照明	暖黄色光	格栅射灯 装饰吊灯
		餐桌面	450			
		床面	396			
		过道	158			
		墙角暗区	147			

表4-3　宜家家居店家具布置区照度水平实测结果

区域	灯具高度（m）	测试地点	照度水平值（lx）	照明方式种类	光色	灯具类型
开放式布置区（沙发）	3.2	1	301	环境照明 重点照明	中性白光	格栅荧光灯 导轨射灯
		2	283			
		3	242			
		4	274			
		5	256			
开放式布置区（桌子）	3.2	1	297	环境照明 重点照明	中性白光	格栅荧光灯 导轨射灯
		2	278			
		3	353			
		4	301			
		5	362			
开放式布置区（椅子）	3.2	1	384	环境照明 重点照明	中性白光	格栅荧光灯 导轨射灯
		2	335			
		3	426			
		4	342			
		5	273			
客厅情景式布置区1	3	沙发面1	491	环境照明 重点照明	黄白光	装饰吊灯 导轨射灯
		沙发面2	438			
		茶几	483			
		过道	174			
		墙角暗区	88			

续表

区域	灯具高度（m）	测试地点	照度水平值（lx）	照明方式种类	光色	灯具类型
客厅情景式布置区2	3	沙发面1	389	环境照明 重点照明	黄白光	装饰吊灯 导轨射灯 壁灯
		沙发面2	437			
		茶几	406			
		过道	276			
		墙角暗区	106			
客厅情景式布置区3	3	沙发面1	408	环境照明 重点照明	黄白光	装饰吊灯 导轨射灯
		沙发面2	417			
		茶几	382			
		过道	336			
		墙角暗区	233			
卧室情景式布置区4	3	床面	323	重点照明	黄白光	卤素射灯 壁灯 装饰吊灯
		衣柜	507			
		床头柜	286			
		过道	138			
		墙角暗区	45			
卧室情景式布置区5	3	床面	352	重点照明	黄白光	卤素射灯 壁灯 装饰吊灯
		衣柜	489			
		床头柜	274			
		过道	137			
		墙角暗区	39			

续表

区域	灯具高度（m）	测试地点	照度水平值（lx）	照明方式种类	光色	灯具类型
卧室情景式布置区6	3	床面	329	重点照明	黄白光	卤素射灯壁灯装饰吊灯
		衣柜	336			
		床头柜	287			
		过道	119			
		墙角暗区	37			

表4-4　视觉亮度满意度评价结果

店名	最大亮度（cd/m²）	家具表面平均最大亮度（cd/m²）	背景平均亮度（cd/m²）	平均亮度比	视觉满意度评价结果
槟榔家具	218	197	153	1.28：1	69%
富运家具	232	215	35	6.14：1	91%
宜家情景式场景1	142	126	45	2.8：1	82%
明清风韵家具	162	145	119	1.21：1	65%
宜家情景式场景2	223	218	83	2.62：1	78%
美迪家具	287	243	48	5.06：1	88%

五、分析与讨论

（一）照度水平

将表4-2和表4-3中的照度水平测量值经Excel统计后，结果如图4-1（a）至图4-1（d）所示。《建筑照明设计标准》（GB 50034-2020）有关中档定位商业营业厅和超市营业厅的照度参考值为 300 lx（750mm高度的水平面），宜家家居店实地照度测试的结果对照这个标准来看，大部分都在这个范围之内，但也有部分超过的。

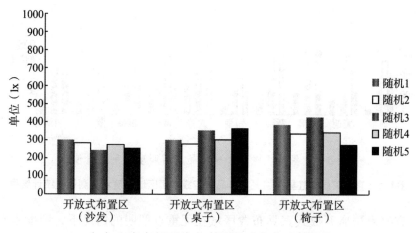

（a）宜家家居开放式布置区照度水平测量值

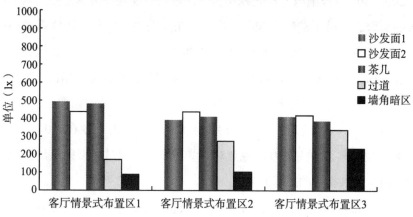

（b）宜家家居客厅情景式布置区照度水平测量值

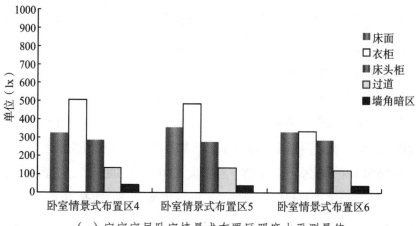

（c）宜家家居卧室情景式布置区照度水平测量值

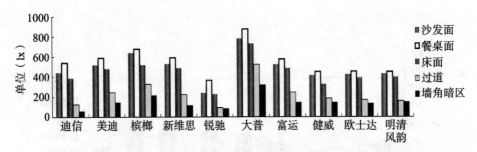

（d）红星美凯龙十个家具品牌店照度水平测量值

图4-1　宜家家居和红星美凯龙家具品牌店或展卖区域照度水平测量值统计结果

宜家家居店开放式家具布置区域在无重点照明的情况下，照度水平大都在200～300 lx范围内，且光线均匀，注重人的视觉及情感感受，营造出家庭式的温馨，打破了购物者和商家双方的买卖关系，弱化了购物者的心理界限，让购物者在一个轻松愉悦的氛围中购物。在客厅情景式布置区的重点照明区域，部分照度值已超过480 lx，与《建筑照明设计标准》相比，要高出许多。与客厅情景式布置区相比，卧室情景式布置区照度值普遍要低，如图4-1（b）和图4-1（c）所示，光线显得比较柔和，照度值大致在100～350 lx之间，为了吸引顾客的注意力，特意对一些细节部位通过卤素射灯的重点照明加以突出，起到很好的照明效果。

与宜家家居相比，红星美凯龙是一个包含众多高端品牌的家具卖场，定位相对较高，其家具品牌店的家具布置方式多以分类布置为主，类似于宜家家居中的情景式布置方式。虽然《建筑照明设计标准》中规定高档营业厅和超市营业厅的照度参考值为500 lx，但卖场中的部分品牌店，如槟榔和大普，其实地测量的照度值最高已达876 lx，如图4-1（d）所示，这样不仅会造成浪费，而且会造成很多令人不舒适的眩光。

根据以上的调研结果可知：无论是定位于中端还是定位于中高端的家具商业展示空间，其室内局部照度水平都已经超过《建筑照明设计标准》（GB 50034-2020）中的相应执行标准（分别大于300 lx和500 lx），这说明目前有关标准尽管已是多次修订以后的结果，但与市场执行的情况相比，还是具有一定的差别。

（二）亮度分布和亮度水平

亮度是肉眼实际感觉到的，它与投射到家具表面的照度和材质的反射率都有一定的关系。许多实验结果表明：照度水平既不能决定视野中的亮度水平，也不能决定亮度分布，而亮度水平和亮度分布对照明的主观效果有着重要的影响。

家具商业展示空间内外环境的亮度分布对于吸引顾客走进店内确实起了很大的作用，但从目前市场来看，卖场过道区域的照明以紧凑型荧光灯照明为主，形成均匀照明，而店内则多以格栅射灯为主，形成非均匀照明，这种均匀与非均匀的对比几乎是所有卖场高端品牌照明设计的一大特点，千篇一律造成了视觉的审美疲劳。所以从这个角度讲，室内外亮度比研究意义不大，调研的重点应放在内部亮度水平、分布重点以及对比度上。

在调研中，发现对亮度分布、亮度水平有重要影响的家具产品因素包括三点，分别是家具的造型、颜色、材质。

不同造型的家具，光在其表面分布的位置有所不同。造成亮度分布区域不同的主要造型因素是家具的高度。调研中发现：对于高型（2米以上，高于人的视平线）柜类家具，考虑到视觉遮挡问题，布置时总是沿墙体布置，亮度主要集中分布在其垂直面上，如图4-2（a）和图4-2（c）所示；对于较高型（1.5米左右，相当于人的视平线高度）柜类家具，亮度则分布在其垂直面和水平面上，如图4-2（b）所示；对于较矮型（1米以下，低于人的视平线）家具，如沙发、床、餐桌等，亮度则集中分布在其水平面上，如图4-2（d）、图4-2（e）和图4-2（f）所示。

（a）迪信家具展厅　　　　（b）欧士达家具展厅　　　　（c）大普家具展厅

（d）明清风韵家具展厅　　　（e）美迪家具展厅　　　（f）槟榔家具展厅

图4-2　不同造型家具的亮度分布

　　由于家具色彩的不同，相同的照度水平会产生不同的亮度水平。调研中发现，市场家具色彩主流多为两种（占市场90%以上），一种为黑白灰色系家具，即"奶油+咖啡"色系；另一种为原木色，主要以淡黄色、灰棕色和黑色居多。由于大多数展厅的卤素光源或金卤光源未加调光装置，光源常常是按最大功率照射，与黑白灰色家具相比，原木色家具展厅看起来整体要暗一点，如迪信家具展厅在灯具数量比明清风韵家具展厅少的情况下，展厅的亮度依然要高出许多，如图4-3（a）和图4-3（b）所示。根据以上的分析可以得出结论：在反射率差不多的情况下，深色家具整体吸光率大于浅色家具。对于浅色家具而言，为了防止过亮引起人的视觉不舒适，可以适当地降低家具表面的照度水平；而对于深色家具来说，如深色布艺、深色木面等家具，为了提高其表面亮度水平，吸引顾客的注意力，可以适当提高家具表面的照度水平。

（a）迪信家具展厅　　　　　　（b）明清风韵家具展厅

图4-3　不同色彩家具的亮度水平比较

　　不同材质的家具，由于其表面材料的反射率不同，其亮度水平也有所差异。调研中发现，市场家具表面材料以四大类居多，分别是：密度板表面喷半哑光或高光漆面（哑光几乎没有）、哑光原木面、皮质以及高光玻璃面。与以哑光木面家具组成的店面相比，半哑光或高光漆面的家具所组成的店面看起来整体要亮，且亮度比也要大于原木色家具店面，如迪信家具多以高光漆面家具为主，在整体亮度上看起来要比以哑光原木色家具为主的百强家具店面亮出许多，如图4-4（a）和图4-4（b）所示。根据以上的分析可以得出结论：对于高反射率的家具，如亮光皮革、亮光玻璃、高光漆面等家具，为了防止过亮引起眩光，可以适当地降低家具表面的照度水平；而对于低反射率的家具，如布艺、木面等家具，为了提高家具表面亮度水平，吸引顾客的注意力，可以适当地提高家具表面的照度水平。

（a）迪信家具展厅　　　（b）百强家具展厅　　　（c）锐驰皮质沙发

图4-4　不同材质家具的亮度水平比较

（三）亮度对比度

　　在此次调研中，除采用格栅荧光灯对家具布置区进行均匀照明外，其余均采用格栅射灯或者导轨射灯对家具形成重点照明，场景的亮度区域主要集中于展示家具上。背景亮度也间接影响家具的主观亮度，家具表面与背景亮度的对比度越大，家具则显得越亮。背景的平均亮度在正常情况下，一般不宜超过家具表面亮度，否则不利于提高重点照明系数。

　　从表4-4中可以看出：富运家具和美迪家具两店的视觉满意度得分百分率较高，分别为91%和88%；而其他则相对低些，分别在65%～82%之间。考察一下各个店面的亮度分布，富运家具和美迪家具两店的家具表面平均最大亮度与背景平均亮度的比值分别为6.14∶1和5.06∶1，均显著大于其他店面，这说明亮度比决定了被试的视觉满意度，对比度越大，被试越满意。

本次调查结果只是对于视觉满意度而言，对于其他一些主观指标，我们没有做相应的评价，但实际上这也是一个不可忽略的问题，因为家具或者环境的亮度不仅仅对视觉满意度有重要意义，对人的其他心理需求也同样重要，比如过于强烈的明暗对比会造成人的畏惧感，难以产生亲和的氛围。

（四）光色

由表4-2和表4-3可知，家具商业展示空间中光源色温的选取多以低色温为主，对于黑白灰色系主题，低色温有助于营造空间的温暖氛围，增加空间的亲和力，但在调研中发现，一些以暖木色家具为主的展厅，如榉木色、榆木色等，也大量使用高强度低色温光源，如槟榔家具，整体光色过于暖黄，其结果是在视觉氛围上令人感觉很闷热，特别是在夏天购物时，加上大量的射灯照射，顾客感觉很不舒适；在美迪家具的展厅中，以高色温金卤射灯作为重点照明光源，辅助以蓝色的T5灯带，主要是为了突出现代家具的时尚感，但从实际效果来看，现场整体光色有点偏蓝，气氛有点阴冷的感觉，缺乏一定的亲和力。综上所述，家具展厅的整体光色选取要考虑家具的主体色调和灯具的色温两者间的搭配关系，不可盲目地选取灯具，以免造成不当的空间氛围表达。

（五）照明方式

由表4-2可知，红星美凯龙卖场的品牌店大多依靠格栅射灯或者导轨射灯提供环境照明，虽然给家具造成一定的立体感和生动感，但缺少一种浪漫情调，在一定程度上阻隔了顾客与店面之间的互动交流，而且大量的射灯制造了人为的冷漠感。槟榔家具以及明清风韵家具中使用了装饰吊灯，在增强环境照明的同时，又给空间带来一定的美感，从视觉满意度的评价效果来看，这种照明方式具有一定的市场认可度。美迪家具在店中利用T5灯带作为营造空间氛围的手法，但其效果并不是很理想，对墙面的垂直照明没有实现预期效果，亮度水平不够且色温较高。

第二节　家具商业展示空间光环境视知觉特征因素调研

一、调研目的和内容

从上节的实测结果可以看出：照明因素（光源照度、色温、照明方式）和视知觉特征（亮度水平、亮度分布、亮度对比度、光色等）的差异对家具商业展示空间的光环境印象产生了显著影响。为进一步探究人们在家具商业展示空间环境中，就视觉满意度（即是否具备喜好性氛围）而言，更加注重哪些视知觉特征因素，本节专门针对该问题展开主观评价调研，将调研项目归结为五个区域（包括地面、墙面、家具、顶面、整体）和四个方面（包括亮度水平、亮度分布、亮度对比度、光色），进一步细化为地面亮度水平、家具水平面亮度水平、地面亮度对比度、地面亮度变化区域数量、家具产品亮度变化区域数量、家具产品亮度对比度、空间光色、整体空间亮度水平、整体空间亮度变化区域数量、墙面亮度变化区域数量、整体空间亮度对比度、顶面亮度水平、顶面亮度变化区域数量、墙面亮度水平等项目，共计14个分项评价量表和1个综合评价量表，有关调查问卷见本书附录一。

二、调研方法和结果统计分析方法

笔者通过问卷调查形式采集数据，利用SPSS 16.0统计分析软件对主观评价结果进行因子分析，得到家具商业展示空间光环境中被试主要关注的视知觉特征因素。

三、调研对象

调研对象为南京红星美凯龙中的12个家具品牌店、南京月星家居中的13个家具品牌店以及南京宜家家居中的5个情景式布置展区，共计30个对象。

四、被试和评价程序

8个被试均为具有照明设计或者室内设计背景的人，选用专业人员的主要原因是：他们对一些专业术语相对熟悉，特别是对判定量的把握程度相对较高，如对比度大小等，他们能够在短时间内较快地做出判断并给出答案，且不会影响店家的正常营业。被试的年龄在28～36岁之间，学历为本科或者研究生，且无视力问题和视觉缺陷。

8个被试被分成2组，分别走访30个家具店，每个被试在每个家具店内浏览一遍后，在每个家具店的固定位置观察并做出评价。在调查过程中，由于5个家具店装修改造的原因，其室内照明情况发生改变，最后统计数据实际来源于剩余的25个家具店。

五、结果与讨论

（一）对视觉满意度14个分项的内部一致性进行检验，得到的结果如表4-6所示，14项评价内容的一致性克伦巴赫系数的平均值为0.768，根据表4-5有关克伦巴赫系数参考表可知，该系数属于可以接受的结果，说明内部评价的一致性较高。

表4-5　克伦巴赫系数与可信度高低之对照表

克伦巴赫系数	正规量表（可信度）
克伦巴赫系数<0.5	非常不理想，舍弃不用
0.5≤克伦巴赫系数<0.6	不理想，重新编制或指定
0.6≤克伦巴赫系数<0.7	勉强接受，最好增列题项或修改语句
0.7≤克伦巴赫系数<0.8	可以接受
0.8≤克伦巴赫系数<0.9	佳（信度高）
0.9≤克伦巴赫系数	非常理想（甚佳，信度很高）

表4-6　有关视觉满意度14个评价项目的内部一致性检验结果

评价项目　删除此项后的克伦巴赫系数		评价项目　删除此项后的克伦巴赫系数	
A1：地面亮度水平	0.782	A8：空间光色	0.775
A2：家具水平面亮度水平	0.763	A9：整体空间亮度水平	0.757
A3：地面亮度对比度	0.760	A10：整体空间亮度变化区域数量	0.763
A4：地面亮度变化区域数量	0.757	A11：整体空间亮度对比度	0.753
A5：家具产品亮度变化区域数量	0.765	A12：顶面亮度水平	0.762
A6：家具产品亮度对比度	0.761	A13：墙面亮度变化区域数量	0.750
A7：顶面亮度变化区域数量	0.769	A14：墙面亮度水平	0.766

（二）为了考察所选量表的可靠性，我们对14个分项评价量表和视觉满意度综合评价量表进行相关性分析，得出结果如表4-7所示。

表4-7　14个分项评价和视觉满意度总评价的相关性

斯皮尔曼相关系数	项目	A1：地面亮度水平	A2：家具水平面亮度水平	A3：地面亮度对比度	A4：地面亮度变化区域数量	A5：家具产品亮度变化区域数量	A6：家具产品亮度对比度	A7：顶面亮度变化区域数量
	视觉满意度	0.208**	0.286**	0.192**	0.227**	0.111	0.074	0.150*
	显著性	0.003	0.001	0.006	0.001	0.117	0.295	0.034
斯皮尔曼相关系数	项目	A8：空间光色	A9：整体空间亮度水平	A10：整体空间亮度变化区域数量	A11：整体空间亮度对比度	A12：顶面亮度水平	A13：墙面亮度变化区域数量	A14：墙面亮度水平
	视觉满意度	0.273**	0.149*	0.177*	0.092	0.190**	0.045	0.125
	显著性	0.001	0.035	0.012	0.197	0.007	0.526	0.079

由表4-7可知，绝大部分（9项）的分项评价量表与视觉满意度综合评价量表具有很高的相关程度，从而确保了选取量表的可靠性。

（三）14个分项评价量表和视觉满意度综合评价量表的描述性统计状况如表4-8所示。

表4-8　评价项目描述性统计（N=200）

评价项目	平均值	标准差	评价项目	平均值	标准差
B：视觉满意度	0.8850	1.43949	A8：空间光色	0.9400	1.35484
A1：地面亮度水平	0.8000	1.53682	A9：整体空间亮度水平	0.5500	1.57158
A2：家具水平面亮度水平	1.0650	1.31507	A10：整体空间亮度变化区域数量	0.8150	1.20750
A3：地面亮度对比度	-0.0200	1.70709	A11：整体空间亮度对比度	0.5950	1.47030
A4：地面亮度变化区域数量	-0.2250	1.64252	A12：顶面亮度水平	0.4650	1.45581
A5：家具产品亮度变化区域数量	0.2450	1.65793	A13：墙面亮度变化区域数量	0.6985	1.64825
A6：家具产品亮度对比度	0.4600	1.55580	A14：墙面亮度水平	0.8250	1.22961
A7：顶面亮度变化区域数量	0.0900	1.57936			

由表4-8可知，被试对目前市场上的中高端家具专卖店的视知觉特征整体水平具有一定的满意度，得分平均值为0.885，大于0。在亮度方面，除地面亮度变化以及顶面亮度变化不明显之外，亮度主要集中在家具产品上，其中，家具水平面亮度得分平均值最大，为1.065，墙面和地面的亮度也较为明显，得分平均值分别为0.825和0.800；在亮度分布主要集中区域上，整体空间和墙面的亮度分布较多，得分平均值分别为0.815和0.698；在亮度对比上，整体空间和家具产品的亮度对比度较大，得分平均值分别为0.595和0.460。综上所述，目前市场上的家具专卖店在照明设计上，对于家具、整体空间、地面、墙面的关注度较高，对于顶面的关注度则较低。

（四）对问卷进行因素分析，目的是从反映样本间差异的众多指标中综合少数几个易于解释的具有一定意义的指标。

因素分析的适合度检验结果如表4-9所示。

表4-9 评价项目的KMO检验和巴特利特检验

KMO检验		0.788
巴特利特球形检验	卡方值	1182.427
	自由度	91
	显著性	0.001

检验结果显示，KMO=0.788，巴特利特球形检验达到极其显著的水平，说明原变量之间具有明显的结构性和相关关系。根据表4-10所示的KMO度量标准可知，这些变量可以进行因素分析。

表4-10 KMO度量参考标准

KMO统计量表	决策标准
0.90以上	极佳的
0.80以上	有价值的
0.70以上	中度的
0.60以上	不好不坏的
0.50以上	可怜的
0.50以下	无法接受的

表4-11所示是输出的变量共同度，其中，第一列是原变量名；第二列是根据初始解计算出的变量共同度，均为1，实际上是将14个主成分均作为公共因子时计算出的共同度；第三列是系统确认只提取四个公共因子后计算出的变量共同度。

表4-11 评价项目的变量共同度

原变量名	初始共同度	提取后共同度
A1：地面亮度水平	1.000	0.666
A2：家具水平面亮度水平	1.000	0.689
A3：地面亮度对比度	1.000	0.763
A4：地面亮度变化区域数量	1.000	0.830

续表

原变量名	初始共同度	提取后共同度
A5：家具产品亮度变化区域数量	1.000	0.654
A6：家具产品亮度对比度	1.000	0.628
A7：顶面亮度变化区域数量	1.000	0.584
A8：空间光色	1.000	0.566
A9：整体空间亮度水平	1.000	0.608
A10：整体空间亮度变化区域数量	1.000	0.778
A11：整体空间亮度对比度	1.000	0.737
A12：顶面亮度水平	1.000	0.702
A13：墙面亮度变化区域数量	1.000	0.644
A14：墙面亮度水平	1.000	0.709
提取方法：主成分分析		

（五）在主成分、公共因子的特征值和方差贡献方面，由表4-12可知，第一个因子解的特征值为3.418，它解释了所有14个变量的变异信息总量中的24.415%，是方差贡献率最大的一个主成分，所以是第一主成分；同理，第二个因子解释了所有变量的变异信息总量中的22.036%，第三个因子解释了12.439%，第四个因子解释了9.384%。前四个因子解共解释了所有变量的变异信息总量中的68.273%，接近70%，已达到较好的水平。通过表4-12发现：当提取到第六个因子解时，虽然总贡献率达到80%，但第四个因子解以后其特征值都小于1，根据主成分分析因子解提取原则，只能提取前四个因子解作为公共因子。

表4-12　总变异解释

主成分	初始解特征值及方差贡献			四个因子的方差贡献			旋转后因子的特征值及方差贡献		
	特征值	方差贡献率	累积贡献率	特征值	方差贡献率	累积贡献率	特征值	方差贡献率	累积贡献率
1	3.716	26.545	26.545	3.716	26.545	26.545	3.418	24.415	24.415

续表

主成分	初始解特征值及方差贡献			四个因子的方差贡献			旋转后因子的特征值及方差贡献		
	特征值	方差贡献率	累积贡献率	特征值	方差贡献率	累积贡献率	特征值	方差贡献率	累积贡献率
2	3.272	23.370	49.914	3.272	23.370	49.914	3.085	22.036	46.451
3	1.466	10.469	60.383	1.466	10.469	60.383	1.741	12.439	58.889
4	1.105	7.890	68.273	1.105	7.890	68.273	1.314	9.384	68.273
5	0.895	6.392	74.665	—	—	—	—	—	—
6	0.785	5.605	80.270	—	—	—	—	—	—
7	0.494	3.530	83.801	—	—	—	—	—	—
8	0.400	2.861	86.661	—	—	—	—	—	—
9	0.393	2.805	89.466	—	—	—	—	—	—
10	0.364	2.600	92.066	—	—	—	—	—	—
11	0.320	2.286	94.352	—	—	—	—	—	—
12	0.312	2.227	96.579	—	—	—	—	—	—
13	0.261	1.866	98.446	—	—	—	—	—	—
14	0.218	1.554	100.000	—	—	—	—	—	—

　　表4-13左边部分显示的是未经旋转的因子载荷矩阵，其中有6个变量在第一个因子上载荷比较高，分别是0.811，0.787，0.721，0.718，0.715，0.583；有5个变量在第二个因子上载荷比较高；有2个变量在第三个因子上载荷比较高；有2个变量在第四个因子上载荷比较高。这个载荷矩阵同时显示，有1个变量同时在两个因子上的载荷超过0.5，可以考虑进行因子旋转。表4-13右边部分显示的是旋转后的因子载荷矩阵，载荷大小进一步分化，变量与因子的对应关系更加清晰，可以很容易标示出各个因子所影响的主要变量。第一个因子影响的主要变量是：整体空间亮度对比度、家具产品亮度变化区域数量、家具产品亮度对比度、整体空间亮度水平、墙面亮度变化区域数量，可以命名为"空间亮度和空间、家具、墙面的对比度因素"。第二个因子影响的主要变量是：整体空间亮度变化区域数量、墙面亮度水平、家具水平面亮度水平、顶面亮度

水平，可以命名为"空间亮度分布和墙面、家具、顶面亮度"。第三个因子影响的主要变量是：地面亮度水平、地面亮度变化区域数量、地面亮度对比度，可以命名为"地面亮度因素"。第四个因子影响的主要变量是：空间光色、顶面亮度变化区域数量，可以命名为"光色和顶面亮度分布"。

表4-13 旋转前后的因子载荷矩阵

未旋转的因子载荷矩阵					旋转后的因子载荷矩阵				
原变量	主成分				原变量	主成分			
	1	2	3	4		1	2	3	4
A11：整体空间亮度对比度	0.811				A11：整体空间亮度对比度	0.839			
A13：墙面亮度变化区域数量	0.787				A5：家具产品亮度变化区域数量	0.794			
A6：家具产品亮度对比度	0.721				A6：家具产品亮度对比度	0.792			
A5：家具产品亮度变化区域数量	0.718				A9：整体空间亮度水平	0.763			
A9：整体空间亮度水平	0.715				A13：墙面亮度变化区域数量	0.745			
A10：整体空间亮度变化区域数量		0.838			A10：整体空间亮度变化区域数量		0.873		
A14：墙面亮度水平		0.762			A14：墙面亮度水平		0.838		
A12：顶面亮度水平		0.758			A2：家具水平面亮度水平		0.824		
A2：家具水平面亮度水平		0.756			A12：顶面亮度水平		0.771		
A1：地面亮度水平		0.648			A3：地面亮度对比度			0.846	
A4：地面亮度变化区域数量	0.583	0.696			A4：地面亮度变化区域数量			0.802	

续表

未旋转的因子载荷矩阵					旋转后的因子载荷矩阵				
原变量	主成分				原变量	主成分			
	1	2	3	4		1	2	3	4
A3：地面亮度对比度		0.684			A1：地面亮度水平		0.577		
A8：空间光色				0.677	A8：空间光色				0.735
A7：顶面亮度变化区域数量				0.628	A7：顶面亮度变化区域数量				0.717

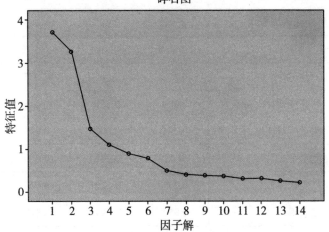

图4-5　公共因子碎石图

　　另外，由如图4-5所示的碎石图可知，从第四个因子解开始曲线就变得很平缓，也就是说第四个因子解以后的各主成分的方差贡献率变得都很小，所以此碎石图可以更加直观地显示：提取前四个因子解作为公共因子是合适的。

　　表4-14为因子得分矩阵，根据该表可得到各因子的得分函数。表4-15为四个因子的协方差矩阵，由该表可知四个因子没有线性相关性，实现了因子分析的目标。

表4-14 因子得分矩阵

原变量	主成分			
	1	2	3	4
A1：地面亮度水平	−0.154	0.082	0.350	0.002
A2：家具水平面亮度水平	0.049	0.287	−0.031	−0.131
A3：地面亮度对比度	−0.016	−0.012	0.510	−0.106
A4：地面亮度变化区域数量	0.029	−0.129	0.482	0.046
A5：家具产品亮度变化区域数量	0.241	−0.022	−0.033	−0.030
A6：家具产品亮度对比度	0.254	0.027	−0.043	−0.094
A7：顶面亮度变化区域数量	−0.052	0.025	−0.065	0.576
A8：空间光色	−0.065	−0.091	−0.017	0.613
A9：整体空间亮度水平	0.255	0.065	−0.007	−0.172
A10：整体空间亮度变化区域数量	0.009	0.289	−0.036	0.002
A11：整体空间亮度对比度	0.245	0.003	−0.030	0.027
A12：顶面亮度水平	−0.023	0.238	−0.070	0.212
A13：墙面亮度变化区域数量	0.202	0.024	−0.014	0.113
A14：墙面亮度水平	0.052	0.297	−0.059	−0.134

表4-15 主成分协方差矩阵

主成分	1	2	3	4
1	1.000	0.001	0.001	0.001
2	0.001	1.000	0.001	0.001
3	0.001	0.001	1.000	0.001
4	0.001	0.001	0.001	1.000

结合表4-12与表4-13中的内容可知，四个因子分别为"空间亮度和空间、家具、墙面的对比度因素""空间亮度分布和墙面、家具、顶面亮度""地面亮度因素""光色和顶面亮度分布"，贡献率分别为：24.415，

22.036，12.439，9.384，如表4-16所示，这表明在这些视知觉特征因素中，空间亮度、对比度以及家具墙面的对比度贡献率较大，再者前两个因子加起来贡献率之和接近50%，说明整体空间亮度水平、亮度分布以及家具展示区域局部对比度是商家较为重视的视知觉特征，同时也说明整体空间、家具、墙面因素在家具商业展示空间中是商家较为重视的照明区域。另外从店面现状来看，对墙面的照明多数采用T5支架的垂直面照明，顶面亮度因素主要是由对墙面的垂直面照明引起的，这说明对墙面的垂直面照明在照明方式中占有重要的地位。结合第四章第一节中的调研结论可知，环境照明和重点照明是多数店面选择的照明方式，这就是说垂直面照明、环境照明以及重点照明是多数商家选择并认可的照明方式。

表4-16　因子命名及构成要素

因子命名	构成要素	方差贡献率
"空间亮度和空间、家具、墙面的对比度因素"	A11：整体空间亮度对比度 A5：家具产品亮度变化区域数量 A6：家具产品亮度对比度 A9：整体空间亮度水平 A13：墙面亮度变化区域数量	24.415
"空间亮度分布和墙面、家具、顶面亮度"	A10：整体空间亮度变化区域数量 A14：墙面亮度水平 A2：家具水平面亮度水平 A12：顶面亮度水平	22.036
"地面亮度因素"	A3：地面亮度对比度 A4：地面亮度变化区域数量 A1：地面亮度水平	12.439
"光色和顶面亮度分布"	A8：空间光色 A7：顶面亮度变化区域数量	9.384

本章小结

本章从两个方面对市场上家具商业展示空间的光环境状况进行研究。

第一部分通过描述性和比较性研究方法，对家具商业展示空间的光环境进行研究，得出了如下结论：

1. 与《建筑照明设计标准》（GB 50034-2020）规定的照度水平（一般商业营业厅和超市营业厅的照度参考值为300 lx，高档商业营业厅和超市营业厅的照度参考值为500 lx）相比，部分家具商业展示空间的重点照明照度已超过规定的标准。

2. 亮度分布与家具的类型有一定的关系，就家具而言，高型家具的亮度主要分布在其垂直面上，中矮型家具的亮度则主要分布在其水平面上；就家具商业展示空间的整体环境而言，亮度集中分布在家具产品上。亮度水平与家具的材质、色彩以及类型有一定的关系，色彩越淡、越明快，则整体空间的亮度水平越高；材质的表面反射率越高，则亮度水平越高（注意眩光的影响）；家具所构成的空间性质越私密，空间的亮度水平越低（由宜家家居布置的客厅和卧室展示区域的空间整体亮度比较所得）。

3. 亮度对比度决定了人的视觉满意度，家具表面亮度水平与背景亮度水平的比值越大，则人的视觉满意度越高。

4. 色温的选用与家具的色彩有很大的关系，暖色的家具不宜用低色温的光源来表现，而冷色、表面反射率高的家具不宜用高色温的光源来表现。

5. 照明方式的选取具有一定的规律性，重点照明和环境照明是家具商业展示空间必备的照明方式。重点照明主要通过卤素射灯来实现；环境照明则各不相同，有些是通过大量的卤素射灯重点照明构成的，有些是通过格栅荧光灯具构成的，还有一些则是通过装饰性吊灯构成的。在其他的照明方式中，值得关注的是局部照明，家具商业展示空间常通过垂直面照明和壁灯实现局部照明。

　　第二部分通过实验性研究方法，就视觉满意度对家具商业展示空间的光环境视觉特征因素进行主观评价。结果表明，在这些因素中，整体空间亮度水平和分布以及家具展示区域的局部亮度对比度是对被试的视觉满意度贡献率最大的两个因子，其贡献率总和接近于50%，其次是地面亮度因素，最后是空间光色和顶面照明。另外，结合第四章第一节中的调研实测部分结论可以发现，垂直面照明、环境照明、重点照明是商家和顾客比较注重的照明方式。

第五章　照明因素对家具商业展示空间氛围影响的实验研究 ≫

　　在本章中，通过不同的照明方式（重点照明、垂直面照明和环境照明）、光源的不同色温（冷和暖）和强度（低、中、高）组成18种不同的照明条件，即形成18种不同的光环境。被试在每种照明条件下，利用氛围调查问卷对模拟的家具商业展示空间氛围进行主观评价，以获得被试在光环境中感知的氛围。氛围评价包含四个指标，共由18对两极形容词组成，对主观评价结果采用方差分析的处理方法，得出照明因素（照明方式、强度、色温）是如何影响家具商业展示空间环境氛围的。

　　在研究结论的表达上，对于单一光源照明，氛围评价的结果是由单个光源的照明因素变化引起的，对应关系较为明确，所以在研究结论上可以直接表述为强度、色温以及照明方式对氛围是如何影响的；对于混合光源照明，氛围评价的结果是由多个光源的照明因素变化引起的，为表述方便，在研究结论上则用亮度分布、亮度水平、亮度对比等视知觉特征因素来概括描述。

第一节　实验装置

一、实验空间和光源

实验在一个 8 m（长）×3.6 m（宽）×3 m（高）的房间内进行，房间被分隔成两间，中间用落地遮光窗帘隔开，一边是场景布置区，一边是被试适应区。被试进行观察的地方在场景布置区靠近窗帘的位置，被试观察方向如图5-1所示，场景布置区的三个墙面为浅米色遮光窗帘，另一个立面及顶面为无光白色乳胶漆墙面，地面为深灰色无纺布。

选取三种典型的光源：卤素射灯、T5荧光灯管和T8荧光灯管，光源信息如表5-1所示。用卤素射灯对局部进行重点照明，T5荧光灯管结合室内装饰构件形成垂直面照明，T8荧光灯管形成环境照明。灯具在顶面的布置形式如图5-1所示，卤素射灯被嵌入石膏板吊顶中，T8灯管通过支架直接吸顶安装，T5灯管被安装在装饰构件中，整个顶面的尺寸结构如图5-2所示。

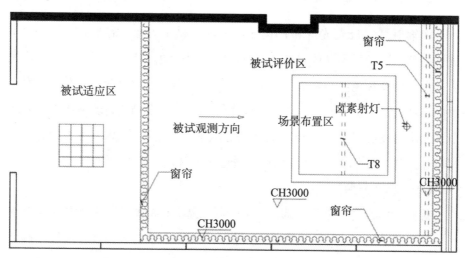

图5-1　实验室顶面布置图

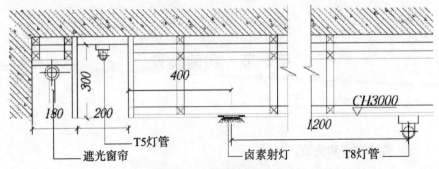

图5-2 实验室顶面构造图

表5-1 配置灯具详细清单

灯具类型	品牌及型号	光源及色温	瓦数	数量
卤素射灯	Philips QBH034	MR16	35W	1
T5荧光灯	Philips支架	T5 2800K	28W	2
T5荧光灯	Philips支架	T5 6500K	28W	2
T8荧光灯	Philips支架	T8 2800K	28W	1
T8荧光灯	Philips支架	T8 6500K	28W	1

二、实验光源的物理特征

卤素射灯、T8荧光灯和T5荧光灯三种光源在实验中需要对其强度大小进行调节，以产生不同的强度。本节主要目的是通过测试，了解三种实验光源的主观亮度和色温与调节强度（调节刻度大小）的对应变化关系。卤素光源的强度通过电阻调光器来调节，荧光灯光源的强度则通过弱电调光器来调节，光源的亮度单位为cd/m^2，光源的色温单位为绝对温度K。光源的亮度值是通过亮度计测定的，而色温值则是通过该光谱分析仪测定的。

（一）卤素光源

首先对卤素光源进行测试，将电阻调光器面板的调节刻度等分为10个水平，每调节一次，记录下光源的亮度值和色温值。为方便对比，阶段性调节的光源亮度统一用$M_{卤素}$的倍数来表示，其中$M_{卤素}$为光源的最大调节亮度值，色温则以实际测得数值来表示。将测得的亮度结果以调光器调节刻度为横坐标，以光源亮度为纵坐标，得到关系如图5-3（a）所示。

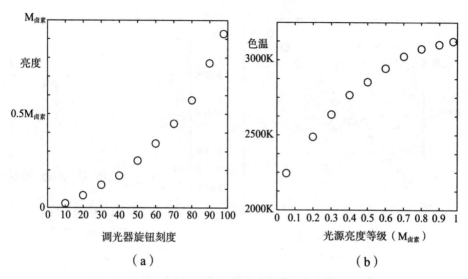

（a）　　　　　　　　　　　（b）

图5-3　卤素光源的亮度和色温随调节刻度大小变化的关系

注：图5-3（a）表示调光器调节刻度与卤素光源亮度对应变化的关系；

图5-3（b）表示卤素光源亮度与色温对应变化的关系。

图5-3（a）显示了当电阻调光器旋钮转动时，调节刻度大小与光源亮度的对应变化关系。从图中可以看出，当调节刻度增大时，光源亮度对应增大，说明卤素光源的亮度随着调节刻度的增大而增大。

将测得的色温结果以光源色温为纵坐标，以调光器调节刻度对应的光源亮度等级为横坐标，得到关系如图5-3（b）所示。图5-3（b）显示，当光源亮度发生变化时，光源的色温也随之改变，色温大致在2200～3100K之间变化。这说明卤素光源的色温随着亮度的变化而发生改变。

（二）T5和T8光源

T5和T8灯管的强度通过弱电调光器来调节，将调节刻度等分为10个水平，每调节一次，记录下光源的亮度值和色温值。与卤素光源类似，为方便对比，T8和T5灯管阶段性调节亮度依次用M_{T8}和M_{T5}的倍数来表示，其中M_{T8}和M_{T5}分别表示T8和T5灯管的最大调节亮度值。对于T5和T8光源而言，由于两种光源发光原理相同，所以本实验只取T8灯管作为实验对象，得到结果如图5-4所示。

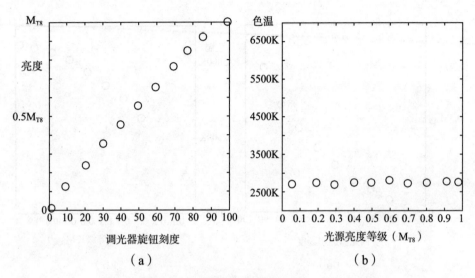

（a） （b）

图5-4 T8灯管的亮度和色温随调节刻度大小变化的关系

注：图5-4（a）表示调光器调节刻度与T8灯管亮度对应变化的关系；

图5-4（b）表示T8灯管亮度与色温对应变化的关系。

将测得的亮度结果以调光器调节刻度为横坐标，以光源亮度为纵坐标，得到关系如图5-4（a）所示。

图5-4（a）显示了当弱电调光器旋钮转动时，调节刻度大小与光源亮度的对应变化关系。从图中可以看出，当调节刻度增大时，光源亮度对应增大，说明T8灯管的亮度随着调节刻度的增大而增大。

将测得的色温结果以光源色温为纵坐标，以光源亮度等级作为横坐标，得到关系如图5-4（b）所示。

图5-4（b）显示，当光源亮度发生改变时，光源的色温基本保持一致，色温大致在2800K左右。这说明T8灯管的色温不随着亮度的变化而发生改变。

第二节　预实验

一、实验目的

通过实验光源的物理特征测定，我们可以得知：卤素光源的色温随着亮度的改变而变化，而T8和T5光源的色温基本没有发生改变。本节将通过主观评价和客观数据记录相结合的方法，获得当T5、T8荧光灯管和卤素射灯的主观亮度一致时，客观亮度值的对应数值，为不同光分布的实验设计提供场景光源调节参数。

二、实验装置

实验在一个 8m（长）×3.6m（宽）×3m（高）的房间内进行，这个房间被分隔成对称的两个实验区，两实验区墙面表面材质完全相同，除浅米色遮光窗帘外，都是无光白色乳胶漆墙面，地面为深灰色无纺布。两实验区灯具安装的位置完全相同，房间中心窗帘围合的位置为被试观察位置。整个空间的顶面灯具布置形式如图5-5所示，卤素射灯被嵌入石膏板吊顶中，T8灯管通过支架直接吸顶安装，T5灯管被安装在装饰构件中。

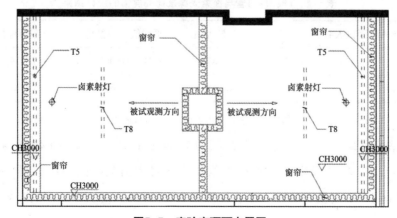

图5-5　实验室顶面布置图

整个空间的中间用遮光窗帘隔开，参考光源和测试光源分别安装在对称的两个实验区中，实验时被试站立在中心窗帘围合的位置进行观察，光源的调光器在实验时被引至被试所在的位置，被试通过两边窗帘上的圆孔（直径5 cm）分别观察两个实验区内的光源，同时可以对比参考光源的亮度，调节测试光源的亮度。

三、被试信息和实验程序

15个被试参加本次实验，其中有7个男性，8个女性，年龄在21～53岁之间，平均年龄28.3岁，所有的被试在参加测试之前没有系统地学习过有关照明的课程，也没有视力方面的缺陷和疾病。

实验开始后，将一个实验区中的强度为$0.42M_{卤素}$的卤素射灯（此时卤素射灯的色温为2800K，与T5和T8灯管的色温相同）打开，保持强度不变，作为参考光源。然后让被试自己调节另一个实验区中的T8或T5光源的亮度，待其光源稳定后，比较一下两个实验区的亮度，如果被试认为在调节的过程中，T8或者T5灯管的亮度大于参考光源卤素射灯的亮度，即可停止实验，记下此时T5或T8光源的强度值，并用最大强度值M_{T5}或M_{T8}的倍数来表示。

四、结果

测试者记录的物理亮度数据经Excel统计分析后，结果如表5-2所示。

表5-2　T5、T8灯管与卤素光源配比亮度值的统计结果

光源类型	受试人数	最小值	最大值	平均值 ± 标准值	第三四分位数值
T8	15	$0.172M_{T8}$	$0.187M_{T8}$	$0.183 ± 0.00392$	$0.184M_{T8}$
T5	15	$0.208M_{T5}$	$0.223M_{T5}$	$0.214 ± 0.00492$	$0.218M_{T5}$

注：T8灯管的亮度测量值用M_{T8}的倍数来表示，T5灯管的亮度测量值用M_{T5}的倍数来表示。

表5-2有关T8灯管的结果显示，15个被试在比较强度为$0.42M_{卤素}$的参考光源后，与其亮度一致时T8灯管的亮度最大值为$0.187M_{T8}$，最小值为$0.172M_{T8}$，平均值为$0.183M_{T8}$，标准差为0.00392，说明被试间的差异性很

小，第三四分位数值为0.184M_{T8}，根据阿尔瓦雷斯（G. A. Alvarez）和卡瓦纳（P. Cavanagh）[1]的研究，认为0.184M_{T8}亮度的T8灯管与0.42$M_{卤素}$亮度的卤素光源能够在主观亮度上取得相对一致性。根据表5-2有关T5灯管测定数据的统计值，由同样的分析方法和原理可得0.218M_{T5}亮度的T5灯管与0.42$M_{卤素}$亮度的卤素光源能够在主观亮度上取得相对一致性。

第三节　实验照明条件设计及光环境测量

通过实验，分别测量18种照明条件下场景的四个表面（沙发背景墙、地面、左墙面和右墙面）和一个中心点（沙发座面中心）的照度值和亮度值。对于场景表面最大最小照度值，使用照度计（浙大三色SPR-300A CCD）来测量，通过在亮部和暗部中心区域表面多点测量并取平均值，获得每个表面最大最小照度值。沙发座面中心照度值则直接测量，至于墙面的平均照度值，现有技术方法无法测量。场景表面亮度的分布情况用数码相机来记录，使用软件（Techno Team，LMK2000，版本3.6.5.14）分析四个表面（沙发背景墙、左墙面、右墙面、地面）的照片，获得各个表面的最大最小亮度值以及平均亮度值，沙发座面中心的亮度值则直接用亮度计（柯尼卡美能达LS-100）测量。实验设计1至实验设计5的照度和亮度如表5-3、表5-4、表5-5、表5-6及表5-8所示（仅平均照度值空缺），目的是对客观场景整体光环境有个具体认识，并为有价值实验结论的场景提供照明参数。

一、单一光源实验设计1：环境照明（T8）

T8荧光灯管的色温（2800K和6500K）和亮度（低、中、高）作为两个变量，形成3×2的组内设计。三种亮度的调节水平分别为：低水平=0.1M_{T8}

① Alvarez G A，Cavanagh P. The capacity of visual short-term memory is set both by visual information load and by number of objects [J]. Psychological Science，2004，15（2）：106-111.

（M_{T8}表示T8荧光灯管的最大亮度值），中水平=0.5M_{T8}，高水平=M_{T8}。T8荧光灯管的最大亮度值是在低色温（2800K）时通过光源表面测定的（范·厄普通过实验得知，不同色温、相同客观亮度荧光灯的视觉主观亮度相同），色温的调节则通过切换不同色温的T8荧光灯管来实现。不同的强度和色温形成了六种环境照明条件，如图5-6所示。

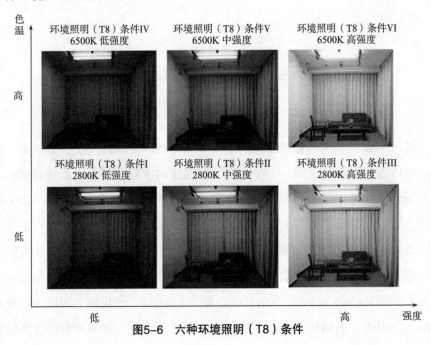

图5-6 六种环境照明（T8）条件

分别测量六种环境照明条件下场景的四个表面（沙发背景墙、地面、左墙面和右墙面）和一个中心点（沙发座面中心）的照度值和亮度值，测量结果如表5-3所示。

表5-3 六种环境照明（T8）条件下场景各个表面的照度值和亮度值

照明条件	类别（单位）	沙发背景墙				左墙面			
		最大值	最小值	平均值	最大值/最小值	最大值	最小值	平均值	最大值/最小值
I	照度值（lx）	23	18.5	—	1.24	19.7	16.5	—	1.19
	亮度值（cd/m^2）	2.6	2.1	2.4	1.23	2.3	2.1	2.12	1.09

续表

照明条件	类别（单位）	沙发背景墙				左墙面			
		最大值	最小值	平均值	最大值/最小值	最大值	最小值	平均值	最大值/最小值
II	照度值（lx）	66	58	—	1.13	58	53	—	1.09
	亮度值（cd/m²）	7.1	6.6	6.84	1.07	8.2	7.9	8.0	1.03
III	照度值（lx）	117	97	—	1.20	104	96	—	1.08
	亮度值（cd/m²）	10.3	9.6	10.2	1.07	13.6	12.8	13.2	1.06
IV	照度值（lx）	25	19.5	—	1.28	21.5	18.3	—	1.17
	亮度值（cd/m²）	2.6	2.2	2.4	1.18	2.5	2.2	2.3	1.13
V	照度值（lx）	69	61	—	1.13	61	55	—	1.10
	亮度值（cd/m²）	7.2	6.7	6.9	1.07	8.3	7.9	8.1	1.05
VI	照度值（lx）	119	101	—	1.17	106	97	—	1.09
	亮度值（cd/m²）	10.9	9.8	10.2	1.11	14.2	13.2	13.3	1.07

照明条件	类别（单位）	右墙面				地面				沙发
		最大值	最小值	平均值	最大值/最小值	最大值	最小值	平均值	最大值/最小值	中心值
I	照度值（lx）	18.2	16.3	—	1.11	13	11.3	—	1.06	26
	亮度值（cd/m²）	1.9	1.7	1.75	1.11	1.5	1.2	1.3	1.25	1.5
II	照度值（lx）	54	49	—	1.10	33	29.6	—	1.11	61
	亮度值（cd/m²）	6.7	6.2	6.5	1.08	4.5	4.1	4.3	1.09	2.7
III	照度值（lx）	101	92	—	1.09	78	67.5	—	1.15	117
	亮度值（cd/m²）	9.8	9.1	9.6	1.07	7.5	7.2	7.34	1.04	3.9
IV	照度值（lx）	19.7	17.9	—	1.10	16	12.7	—	1.25	26
	亮度值（cd/m²）	2.0	1.75	1.76	1.14	1.6	1.3	1.4	1.23	1.5
V	照度值（lx）	57	51	—	1.11	36	31.6	—	1.13	65
	亮度值（cd/m²）	6.8	6.3	6.5	1.07	4.6	4.2	4.5	1.09	2.9

照明条件	类别（单位）	右墙面				地面				沙发
		最大值	最小值	平均值	最大值/最小值	最大值	最小值	平均值	最大值/最小值	中心值
VI	照度值（lx）	105	94	—	1.11	82	70.5	—	1.16	123
	亮度值（cd/m²）	9.9	9.2	9.7	1.07	7.7	7.3	7.4	1.05	4.2

二、单一光源实验设计2：垂直面照明（T5）

T5荧光灯管的色温（2800K和6500K）和亮度（低、中、高）作为两个变量，形成3×2的组内设计。三种亮度的调节水平分别为：低水平=0.1M_{T5}（M_{T5}表示T5荧光灯管的最大亮度值），中水平=0.5M_{T5}，高水平=M_{T5}。T5荧光灯管的最大亮度值是在高色温（6500K）时通过光源表面测定的，色温的调节则通过切换两路不同色温的T5荧光灯管线路来实现。不同的强度和色温形成了六种垂直面照明条件，如图5-7所示。

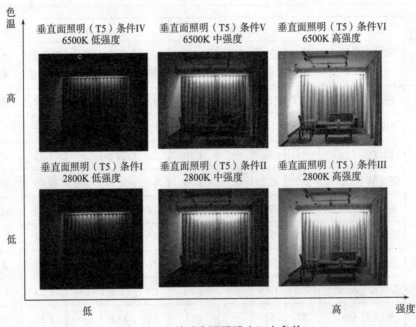

图5-7 六种垂直面照明（T5）条件

分别测量六种垂直面照明条件下场景的四个表面（沙发背景墙、地面、左墙面和右墙面）和一个中心点（沙发座面中心）的照度值和亮度值，测量结果如表5-4所示。

表5-4　六种垂直面照明（T5）条件下场景各个表面的照度值和亮度值

照明条件	类别（单位）	沙发背景墙				左墙面			
		最大值	最小值	平均值	最大值/最小值	最大值	最小值	平均值	最大值/最小值
I	照度值（lx）	41	9.4	—	4.3	19	1.7	—	11.1
	亮度值（cd/m²）	5.4	1.0	3.5	5.4	2.4	0.2	1.2	12
II	照度值（lx）	154	31	—	4.9	45	4.6	—	9.78
	亮度值（cd/m²）	12	3.9	7.6	3.1	5.9	0.6	3.7	9.8
III	照度值（lx）	284	56	—	5.1	90	12	—	7.5
	亮度值（cd/m²）	22	5.2	15.9	4.2	9.7	1.4	7.5	6.9
IV	照度值（lx）	43	9.6	—	4.47	21	1.8	—	11.6
	亮度值（cd/m²）	5.5	1.0	3.6	5.5	2.5	0.2	1.3	12.5
V	照度值（lx）	156	32	—	4.87	46	4.7	—	9.78
	亮度值（cd/m²）	12.3	4.1	7.7	3.0	6.0	0.6	3.8	10
VI	照度值（lx）	287	59	—	4.86	94	12.3	—	7.64
	亮度值（cd/m²）	22.3	5.3	16.4	4.02	9.8	1.4	7.4	7.0

照明条件	类别（单位）	右墙面				地面				沙发
		最大值	最小值	平均值	最大值/最小值	最大值	最小值	平均值	最大值/最小值	中心值
I	照度值（lx）	18	1.5	—	12	19	3.6	—	5.27	35
	亮度值（cd/m²）	2.3	0.2	1.6	11.5	2.4	0.4	1.3	6.0	2.1
II	照度值（lx）	41	4.0	—	10.25	64	7.7	—	8.31	106
	亮度值（cd/m²）	5.8	0.6	4.3	9.6	6.6	0.8	3.6	8.25	3.5

照明条件	类别（单位）	右墙面				地面				沙发
		最大值	最小值	平均值	最大值/最小值	最大值	最小值	平均值	最大值/最小值	中心值
III	照度值（lx）	90	9.7	—	9.2	135	21	—	6.42	187
	亮度值（cd/m²）	11.3	1.7	8.7	6.64	7.4	1.3	5.5	5.69	5.9
IV	照度值（lx）	19	1.6	—	11.87	21	3.7	—	5.67	36
	亮度值（cd/m²）	2.4	0.2	1.7	12.0	2.5	0.4	1.4	6.25	2.1
V	照度值（lx）	43	4.2	—	10.23	65	7.8	—	8.3	107
	亮度值（cd/m²）	5.9	0.6	4.4	9.83	6.8	0.8	3.7	8.5	3.5
VI	照度值（lx）	92	9.9	—	9.29	138	22	—	6.2	189
	亮度值（cd/m²）	11.6	1.8	8.9	6.44	7.5	1.3	5.6	5.7	5.9

三、单一光源实验设计3：重点照明（卤素）

卤素光源的亮度作为变量，形成单因素组内设计。亮度分为三个调节水平：低水平$=0.2M_{卤素}$（$M_{卤素}$表示卤素光源的最大亮度值），中水平$=0.6M_{卤素}$，高水平$=M_{卤素}$。卤素射灯的最大亮度值是通过卤素光源表面测得的。正如前面的实验条件所述，卤素射灯的色温随着强度水平的变化而变化（在2800～3100K之间），所以实验主观评价结果的差异不都是由亮度的变化引起的，三种不同的强度水平形成了三种重点照明条件，如图5-8所示。

重点照明（卤素）条件I
低强度

重点照明（卤素）条件II
中强度

重点照明（卤素）条件III
高强度

低　　　　　　　　　　　　　　　　高　　强度

图5-8　三种重点照明（卤素）条件

　　分别测量三种重点照明条件下场景的四个表面（沙发背景墙、地面、左墙面和右墙面）和一个中心点（沙发座面中心）的照度值和亮度值，测量结果如表5-5所示。

表5-5　三种重点照明（卤素）条件下场景各个表面的照度值和亮度值

照明条件	类别（单位）	沙发背景墙				左墙面			
		最大值	最小值	平均值	最大值/最小值	最大值	最小值	平均值	最大值/最小值
I	照度值（lx）	7.4	0.8	—	9.2	4.5	0.47	—	9.57
	亮度值（cd/m²）	0.65	0.062	0.23	10.4	0.38	0.04	0.19	9.5
II	照度值（lx）	15.2	1.7	—	9.0	9.3	0.95	—	9.7
	亮度值（cd/m²）	1.4	0.15	0.74	9.3	0.8	0.082	0.43	9.75
III	照度值（lx）	27.4	3.0	—	9.1	17.3	1.9	—	9.1
	亮度值（cd/m²）	2.8	0.30	1.21	9.3	1.5	0.18	0.87	8.3

照明条件	类别（单位）	右墙面				地面				沙发
		最大值	最小值	平均值	最大值/最小值	最大值	最小值	平均值	最大值/最小值	中心值
I	照度值（lx）	4.7	0.49	—	9.5	20.5	2.6	—	7.8	17
	亮度值（cd/m²）	0.4	0.045	0.22	8.8	1.7	0.22	0.86	7.7	0.8

照明条件	类别（单位）	右墙面				地面				沙发
		最大值	最小值	平均值	最大值/最小值	最大值	最小值	平均值	最大值/最小值	中心值
II	照度值（lx）	9.4	1.0	—	9.4	42.7	5.2	—	8.2	67
	亮度值（cd/m²）	0.8	0.085	0.45	9.4	3.6	0.42	1.8	8.5	2.9
III	照度值（lx）	18.6	2.0	—	9.3	87	9.7	—	8.9	135
	亮度值（cd/m²）	1.6	0.19	0.88	8.4	7.2	0.84	3.8	8.5	4.8

四、单一光源实验设计4：重点照明（卤素）、垂直面照明（T5）和环境照明（T8）

T8灯管形成环境照明，T5灯管形成对墙面的垂直面照明，而卤素射灯则对局部进行重点照明，三种光源的主观亮度和色温是相同的，此时卤素光源的强度是最大强度值的0.42倍，T5光源的强度为最大强度值的0.218倍，T8光源的强度为最大强度值的0.184倍。在本部分实验设计中，以光分布为变量形成单因素组内设计，如图5-9所示。

重点照明（卤素）　　　　垂直面照明（T5）　　　　环境照明（T8）

小　　　　　　　　　　　　　　大　　光分布

图5-9　环境照明（T8）、垂直面照明（T5）和重点照明（卤素）的三种照明条件

分别测量三种照明条件下场景的四个表面（沙发背景墙、地面、左墙面和右墙面）和一个中心点（沙发座面中心）的照度值和亮度值，测量结果如表5-6所示。

表5-6　三种照明条件下场景各个表面的照度值和亮度值

照明条件	类别（单位）	沙发背景墙				左墙面			
		最大值	最小值	平均值	最大值/最小值	最大值	最小值	平均值	最大值/最小值
重点照明（卤素）	照度值（lx）	13	1.0	—	13	7.3	0.75	—	9.73
	亮度值（cd/m²）	1.2	0.12	0.7	10.0	0.6	0.07	0.37	8.57
垂直面照明（T5）	照度值（lx）	63	15.6	—	4.03	27	2.6	—	10.38
	亮度值（cd/m²）	6.2	1.5	3.5	4.13	2.4	0.24	1.2	10.0
环境照明（T8）	照度值（lx）	31	29.2	—	1.06	27.6	25.3	—	1.09
	亮度值（cd/m²）	2.8	2.1	2.4	1.33	2.3	2.1	2.12	1.09

照明条件	类别（单位）	右墙面				地面				沙发
		最大值	最小值	平均值	最大值/最小值	最大值	最小值	平均值	最大值/最小值	中心值
重点照明（卤素）	照度值（lx）	8.3	0.85	—	9.7	38	4.7	—	8.0	58
	亮度值（cd/m²）	0.7	0.075	0.4	9.0	3.2	0.38	1.7	8.4	2.7
垂直面照明（T5）	照度值（lx）	26	2.3	—	11.3	29.4	5.2	—	5.65	46
	亮度值（cd/m²）	2.6	0.25	1.8	11.3	2.8	0.5	1.4	5.6	3.1
环境照明（T8）	照度值（lx）	22	21	—	1.05	25	22.3	—	1.1	32
	亮度值（cd/m²）	1.9	1.7	1.85	1.1	1.6	1.3	1.4	1.2	1.8

五、混合光源实验设计5：混合光源照明

通过对实体家具商业展示空间光环境的视觉满意度调查发现，有关亮度的因素对视觉满意度的贡献率很大，由于实体家具商业展示空间中的照明形式通常采用多种光源组合的混合照明，故本轮实验采用混合照明的形式，

即将三种光源同时打开，仅调节光源的强度值。卤素射灯的强度统一设定为调节强度的最大值。T5和T8灯管都有两种调节强度：一种为高强度水平，为调节强度的最大值，即高水平=$M_{T8/T5}$（$M_{T8/T5}$表示T8或T5荧光灯管的最大强度值），另一种为低强度水平，为调节强度最大值的二分之一，即低水平=$0.5M_{T8/T5}$。T5和T8荧光灯管主要通过低压调光器来调节强度，这样可以保证荧光灯管的色温不发生变化。这样共构成四种照明条件，如图5-10所示，所用光源及其光强度配置如表5-7所示。

表5-7　混合类型光源的四种照明条件所用的光源及其光强度配置

照明条件	重点照明（卤素）	垂直面照明（T5）	环境照明（T8）
I	高强度	低强度	低强度
II	高强度	高强度	低强度
III	高强度	低强度	高强度
IV	高强度	高强度	高强度

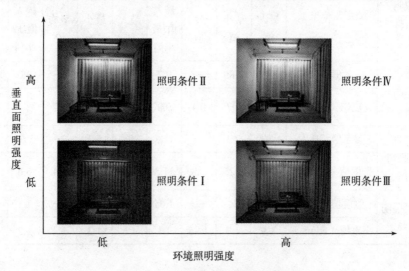

图5-10　混合照明的四种照明条件

分别测量四种照明条件下场景的四个表面（沙发背景墙、地面、左墙面和右墙面）和一个中心点（沙发座面中心）的照度值和亮度值，测量结果如表5-8所示。

表5-8　四种照明条件下场景各个表面的照度值和亮度值

照明条件	类别（单位）	沙发背景墙				左墙面			
		最大值	最小值	平均值	最大值/最小值	最大值	最小值	平均值	最大值/最小值
I	照度值（lx）	101	28.5	—	3.5	18.9	7.2	—	2.6
	亮度值（cd/cm²）	9.5	2.6	4.3	3.6	3.3	1.2	2.7	2.75
II	照度值（lx）	303	72	—	4.2	109	15.7	—	6.9
	亮度值（cd/cm²）	24.6	6.9	18.4	3.5	20.1	2.6	14.4	8
III	照度值（lx）	148	94	—	1.6	25	17.8	—	1.4
	亮度值（cd/cm²）	11.7	8.8	9.9	1.3	4.7	2.9	3.7	1.6
IV	照度值（lx）	520	142	—	3.6	129	112	—	1.1
	亮度值（cd/cm²）	33	10.8	29.4	3.2	29.8	22.4	25.5	1.2

照明条件	类别（单位）	右墙面				地面				沙发
		最大值	最小值	平均值	最大值/最小值	最大值	最小值	平均值	最大值/最小值	中心值
I	照度值（lx）	16.4	5.8	—	2.8	142	12	—	11.8	158
	亮度值（cd/cm²）	2.1	0.7	1.6	3.0	7.9	0.7	2.7	11.2	5.0
II	照度值（lx）	102.8	14.6	—	6.9	158	28	—	5.6	267
	亮度值（cd/cm²）	9.9	1.4	6.8	7.0	8.4	1.5	5.6	5.6	7.8
III	照度值（lx）	23.4	15.3	—	1.5	131	37	—	3.5	183
	亮度值（cd/cm²）	2.5	1.6	2.1	1.5	7.4	2.2	5.4	3.4	2.8
IV	照度值（lx）	125	108.9	—	1.1	173	52	—	3.3	297
	亮度值（cd/cm²）	11.1	10.3	10.8	1.08	9.6	3.1	7.7	3.0	8.3

第四节　主观评价指标及统计分析方法

一、主观评价指标

氛围主观评价问卷包含四个部分，分别为空间表象评价指标、空间观感评价指标、喜好性评价指标和商业气氛评价指标。

（一）空间表象

空间表象评价指标与照明因素有关，包含模糊–清晰、冷–暖、非均匀–均匀、不刺激–刺激四对两极形容词。表5-9列出了各对形容词量表的定义。"模糊–清晰"与光源亮度水平有关，"冷–暖"与光源色温水平有关，"非均匀–均匀"与光分布有关，而"不刺激–刺激"则与空间光源亮度水平和亮度分布有关。

表5-9　空间表象评价指标的定义

评价项目	定义
模糊–清晰	整体空间可视性
冷–暖	空间光色冷暖
非均匀–均匀	空间中光线的整体分布
不刺激–刺激	空间整体的亮度水平和亮度分布

形容词语义差别量表采用7级量表，"–3"至"3"分别代表双向形容的评价程度，以模糊–清晰为例，如表5-10所示。

表5-10　空间表象评价表赋值（以模糊–清晰为例）

评价程度	非常模糊	模糊	有点模糊	一般	有点清晰	清晰	非常清晰
分值	–3	–2	–1	0	1	2	3

（二）空间观感

空间观感评价指标与空间因素有关，包含私密–公共、狭小–开阔、紧张–放松三对两极形容词。表5-11列出了各对形容词量表的定义。

表5-11 空间观感评价指标的定义

评价项目	定义
私密–公共	空间的开放性与私密性
狭小–开阔	在照明的烘托下，空间的大与小
紧张–放松	空间是否让人产生放松或紧张的感觉

量表采用7级量表，"–3"至"3"分别代表双向形容的评价程度，以狭小–开阔为例，如表5-12所示。

表5-12 空间观感评价表赋值（以狭小–开阔为例）

评价程度	非常狭小	狭小	有点狭小	一般	有点开阔	开阔	非常开阔
分值	–3	–2	–1	0	1	2	3

（三）喜好性

喜好性评价指标是指被试感受空间氛围后，对整体环境引起的喜好程度做出的主观评价，包含不美丽–美丽、不愉悦–愉悦、不吸引人–吸引人三对两极形容词。量表采用7级量表，"–3"至"3"分别代表双向形容的评价程度，以不吸引人–吸引人为例，如表5-13所示。

表5-13 喜好性评价表赋值（以不吸引人–吸引人为例）

评价程度	非常不吸引人	不吸引人	有点不吸引人	一般	有点吸引人	吸引人	非常吸引人
分值	–3	–2	–1	0	1	2	3

（四）商业气氛

商业气氛评价指标是指在照明的烘托下，人脑对商业展示空间所产生的主观印象，包含单调–生动、无购买欲–有购买欲、廉价–昂贵三对两极形容词。量表采用7级量表，"–3"至"3"分别代表双向形容的评价程度，以廉价–昂贵为例，如表5-14所示。

表5-14 商业气氛评价表赋值（以廉价–昂贵为例）

评价程度	非常廉价	廉价	有点廉价	一般	有点昂贵	昂贵	非常昂贵
分值	-3	-2	-1	0	1	2	3

二、统计分析方法

（一）客测测量数据分析

对于客观测量的照度值和亮度值，实验1至实验4不做统计分析，因为在单一光源照明方式下，各种照明条件的亮度值和色温值变化是由单一光源照明因素变化引起的，变化原因较为明显。对于实验5，在混合光源照明时，由于涉及多个光源强度值的变化，这会引起光分布和对比度的变化，必须对场景客观测量数据进行分析，才能得到整体亮度大小、亮度分布、亮度对比度等因素。

（二）主观评价数据分析

对于主观评价的数据，实验1至实验5根据研究对象是否有交互作用，分别采用了两种方差分析形式。

1. 两因素相关一因素独立混合设计方差分析

实验1和实验2，主要研究对象是强度和色温因素，且查看两者之间是否有交互作用，2（色温）×3（强度）×2（性别）三因素混合设计方差结果若显示组间性别的主要效果存在显著性差异，则比较男女均值大小，得出组间性别差异。由于性别不是主要研究对象，不管三因素交互作用是否显著，都停止三因素交互作用分析。接着转换成2（色温）×3（强度）相关样本的方差分析，其具体过程如下：

（1）当两因素交互作用项的F值达显著水平（P<0.05）时，必须进一步进行单纯主要效果的显著性检验，即分别检验其中一个自变量的主要效果在另一个自变量各处理水平上的显著性。根据显著性结果：

① 当单纯主要效果达显著水平时，必须进一步选择适当的方法进行事后比较，以确定是哪几组样本的平均数有显著性差异。

② 当单纯主要效果未达显著水平时，则停止统计分析，进行结果解释。

（2）当两因素交互作用项的F值未达显著水平（P>0.05）时，则进一步分别检验两个自变量主要效果的显著性，此时回到单因素方差分析过程。

2. 一因素相关一因素独立混合设计方差分析

实验3至实验5采用3（强度）×2（性别）两因素混合设计，方差结果若显示组间性别的主要效果存在显著性差异，则比较男女均值大小，得出组间性别差异。由于性别不是主要研究对象，不管两因素交互作用是否显著，都停止两因素交互作用分析，接着转换成强度相关样本的单因素方差分析。

另外，实验5研究的主要因素为强度，因此没有采用三因素混合设计方法考察垂直面照明强度和环境照明强度的交互作用，而直接采用两因素混合设计方法，这两种方法得到的结果是一致的。

第五节　被试信息及实验程序

29个被试年龄在21～32岁之间，平均年龄为26岁。所有被试在参加测试之前没有系统地学习过有关照明的课程，没有任何视力方面的缺陷和疾病。被试依次进入实验室，先在被试适应区适应20分钟左右，再进入实验区。测试者对实验的程序和涉及氛围主观评价问卷的形容词量表含义进行解释后，实验正式开始。本次测试的氛围主观评价问卷见本书附录二。

第六节　单一光源照明实验结果与讨论

一、主观评价结果

本部分将依次讨论氛围主观评价问卷的四个评价指标的结果，首先讨论的是空间表象指标和空间观感指标，其次是喜好性指标，最后是商业气氛指标。

（一）空间表象指标

1. 实验设计1

环境照明（T8）的四项评价内容（模糊–清晰、冷–暖、非均匀–均匀、不刺激–刺激）的主观评价平均得分，经Excel统计后，结果如图5–11所示。由图可知：（a）清晰度随着强度的增加而增大；（b）冷暖感随着光源色温的不同而不同，在低色温时，空间氛围较暖，而在高色温时，空间氛围较冷；（c）均匀性随着强度的增加而增加；（d）刺激性随着强度的增加而升高。

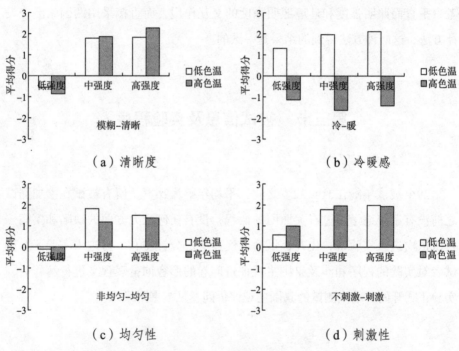

图5–11 环境照明（T8）的四项评价内容得分统计结果

（1）清晰度

2（色温）×3（强度）×2（性别）的混合设计方差分析结果显示：性别主效应不显著（F（1，27）=5.934，P=0.22>0.05），说明在对清晰度的感知上无男女性别差异。2（色温）×3（强度）相关样本方差分析结果显示：两者交互作用效果不显著（F（2，27）=3.088，P=0.053>0.05），在色温上作用效果也不显著（F（1，28）=0.308，P=0.583>0.05）；但在强度上作用效果达到极其显著的水平（F（1，28）=0.848，P<0.001），说明对清晰度的感知会因强度的不同而有所差异，但与色温差异无关。对强度进一步两两比较，结果如表5-15所示。

表5-15　强度相关样本在"清晰度"上两两比较的结果

（I）强度	（J）强度	均值差（I-J）	标准误差	显著性水平	95% 置信区间估计值	
					置信下限	置信上限
低强度	中强度	−2.534*	0.201	0.001	−2.947	−2.122
	高强度	−2.759*	0.219	0.001	−3.206	−2.311
中强度	低强度	2.534*	0.201	0.001	2.122	2.947
	高强度	−0.224*	0.104	0.040	−0.437	−0.011

由上表可以得知：各个强度水平两两之间都存在显著性差异。在图5-11（a）中比较平均得分的大小，可知：在高强度时清晰度最高，其次为中强度，而在低强度时较模糊。

（2）冷暖感

2（色温）×3（强度）×2（性别）的混合设计方差分析结果显示：性别主效果存在显著性差异（F（1，27）=5.934，P=0.022<0.05）。比较男性和女性的平均得分，结果如表5-16所示，女性平均得分大于男性平均得分，说明女性感知的温度要比男性暖。

表5-16　男女性别在"冷暖感"上的得分描述性统计

性别	人数	平均值	标准误差	95% 置信区间	
				置信下限	置信上限
男性	15	0.022	0.106	−0.195	0.239
女性	14	0.393	0.109	0.168	0.617

2（色温）×3（强度）相关样本方差分析结果显示：色温与强度交互作用效果存在显著性差异（F（2，27）=9.573，P<0.001）。对色温和强度分别在各自的水平上进行单纯主要效果检验，分析结果如表5-17所示。

表5-17　单纯主要效果检验的方差分析结果

变异来源	SS	df	MS	F	P
色温					
低强度	86.914	1	86.914	229.883	0.001
中强度	186.483	1	186.483	386.286	0.001
高强度	179.79	1	179.379	133.507	0.001
强度					
低色温	10.414	2	5.207	12.722	0.001
高色温	3.043	2	1.701	4.87	0.016

由上表可以得知：在强度的各个水平上，高色温和低色温的得分都存在显著性差异。由图5-11（b）可知，被试在低色温时感觉暖，而在高色温时感觉冷。在低色温和高色温时，三种强度水平的得分差异都达显著水平，进一步两两比较，结果如表5-18和表5-19所示。

表5-18　低色温下强度相关样本在"冷暖感"上两两比较的结果

（I）强度	（J）强度	均值差（I-J）	标准误差	显著性水平	95% 置信区间估计值 置信下限	置信上限
低强度	中强度	−0.655*	0.194	0.002	−1.053	−0.258
	高强度	−0.793*	0.182	0.001	−1.165	−0.421
中强度	低强度	0.655*	0.194	0.002	0.258	1.053
	高强度	−0.138	0.119	0.255	−0.381	0.105

表5-19 高色温下强度相关样本在"冷暖感"上两两比较的结果

（I）强度	（J）强度	均值差（I-J）	标准误差	显著性水平	95% 置信区间估计值	
					置信下限	置信上限
低强度	中强度	0.483*	0.154	0.004	0.167	0.798
	高强度	0.276	0.329	0.409	-0.398	0.949
中强度	低强度	-0.483*	0.154	0.004	-0.798	-0.167
	高强度	-0.207	0.299	0.495	-0.820	0.406

由表5-18可知：低强度和中强度、低强度和高强度之间有显著性差异，而中强度和高强度之间没有显著性差异。由图5-11（b）可知，在低色温下，相对于低强度，被试在中强度和高强度时感觉相对较暖。由表5-19可知：低强度和中强度之间有显著性差异，其他则无显著性差异。由图5-11（b）可知，在高色温下，相对于中强度，被试在高强度和低强度时感觉相对较冷。

（3）均匀性

2（色温）×3（强度）×2（性别）的混合设计方差分析结果显示：性别主效果达显著水平（F（1,27）=5.586，P=0.026<0.05）。比较男性和女性的平均得分，结果如表5-20所示，女性得分大于男性，说明女性在感知空间光分布的均匀性上要比男性强。

表5-20 男女性别在"均匀性"上的得分描述性统计

性别	人数	平均值	标准误差	95% 置信区间	
				置信下限	置信上限
男性	15	1.275	0.179	0.908	1.641
女性	14	1.931	0.213	1.495	2.367

2（色温）×3（强度）相关样本方差分析结果显示：两者交互作用效果不显著（F（2,27）=0.922，P=0.404>0.05），在色温上作用效果也不显著（F（1,28）=1.56，P=0.222>0.05）；但在强度上作用效果达到极其显著的水平（F（1,28）=16.884，P<0.001），说明对均匀性的感知会因强度的不同而有所差异。对强度进一步两两比较，结果如表5-21所示，可知：低强度和中强度、低强度和高强

度之间存在显著性差异，中强度和高强度之间不存在显著性差异。

表5-21　强度相关样本在"均匀性"上两两比较的结果

（I）强度	（J）强度	均值差（I-J）	标准误差	显著性水平	95% 置信区间估计值	
					置信下限	置信上限
低强度	中强度	−0.586*	0.136	0.001	−0.865	−0.307
	高强度	−0.672*	0.141	0.001	−0.961	−0.384
中强度	低强度	0.586*	0.136	0.001	0.307	0.865
	高强度	−0.086	0.136	0.532	−0.365	0.193

由图5-11（c）中的平均得分比较结果可知：相对于低强度，在中强度和高强度时，被试感觉空间光分布较为均匀。

（4）刺激性

2（色温）×3（强度）×2（性别）的混合设计方差分析结果显示：性别主效果不显著（$F_{(1, 27)}=3.164$，$P=0.087>0.05$），说明在对刺激性的感知上无男女性别差异。2（色温）×3（强度）相关样本方差分析结果显示：两者交互作用效果不显著（$F_{(2, 27)}=0.761$，$P=0.472>0.05$）；但在色温上作用效果显著（$F_{(1, 28)}=8.289$，$P=0.008<0.05$），在强度上作用效果达到极其显著的水平（$F_{(1, 28)}=43.029$，$P<0.001$），说明色温和强度分别对刺激性有显著作用。在强度方面进一步两两比较，结果如表5-22所示，可知：低强度和中强度、低强度和高强度之间存在显著性差异，中强度和高强度之间不存在显著性差异。

表5-22　强度相关样本在"刺激性"上两两比较的结果

（I）强度	（J）强度	均值差（I-J）	标准误差	显著性水平	95% 置信区间估计值	
					置信下限	置信上限
低强度	中强度	−1.862*	0.249	0.001	−2.373	−1.351
	高强度	−1.810*	0.277	0.001	−2.377	−1.243
中强度	低强度	1.862*	0.249	0.001	1.351	2.373
	高强度	0.052	0.134	0.703	−0.224	0.327

由图5-11（d）可知：相对于低强度，在中强度和高强度时，被试感觉空间光分布较为刺激。

2. 实验设计2

垂直面照明（T5）的四项评价内容（模糊−清晰、冷−暖、非均匀−均匀、不刺激−刺激）的主观评价平均得分，经Excel统计后，结果如图5-12所示。由图可知：（a）清晰度随着强度的增加而增大；（b）冷暖感随着光源色温的不同而不同，在低色温时，空间氛围较暖，而在高色温时，空间氛围较冷；（c）均匀性随着强度的增加而增加；（d）刺激性随着强度的增加而升高。

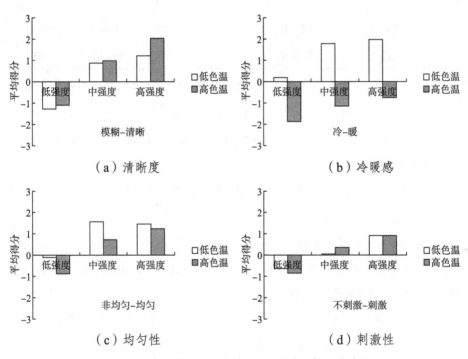

图5-12　垂直面照明（T5）的四项评价内容得分统计结果

（1）清晰度

2（色温）×3（强度）×2（性别）的混合设计方差分析结果显示：性别主效果不显著（F（1，27）=1.125，P=0.298>0.05），说明在对清晰度的感知上无男女性别差异。2（色温）×3（强度）相关样本方差分析结果显示：两者交互作用达显著水平（$F_{(2, 27)}$=3.397，P=0.040<0.05）。对色温和强度分别在各自的水平上进行单纯主要效果检验，分析结果如表5-23所示。

图5-23　单纯主要效果检验的方差分析结果

变异来源	SS	df	MS	F	P
色温					
低强度	0.431	1	0.431	1.090	0.305
中强度	0.155	1	0.155	0.100	0.754
高强度	9.931	1	9.931	7.709	0.010
强度					
低色温	104.920	2	52.460	47.069	0.001
高色温	144.828	2	74.414	103.521	0.001

由上表得知：在强度水平上，在低强度和中强度时，高色温和低色温的得分都不存在显著性差异；但在高强度时，高色温和低色温的得分存在显著性差异。由图5-12（a）中的平均得分比较结果可知，相对于低色温，在高色温时清晰度较强。

在色温水平上，在低色温时，三种强度水平得分差异达显著水平，进一步两两比较，结果如表5-24所示，由表可知，低强度和中强度、低强度和高强度之间存在显著性差异，而中强度和高强度之间没有显著性差异。由图5-12（a）中的平均得分比较结果可知：在低色温下，被试在中强度和高强度时感觉清晰，而在低强度时感觉模糊。

在高色温时，三种强度水平得分差异达显著水平，进一步两两比较，结果如表5-25所示，由表可知，低强度和中强度、低强度和高强度、中强度和高强度之间都存在显著性差异。由图5-12（a）中的平均得分比较结果可知，在高色温下，被试在高强度时感觉最清晰，其次是中强度，而在低强度时感觉模糊。

表5-24　低色温下强度相关样本在"清晰度"上两两比较的结果

（I）强度	（J）强度	均值差（I-J）	标准误差	显著性水平	95% 置信区间估计值	
					置信下限	置信上限
低强度	中强度	-2.138*	0.332	0.001	-2.818	-1.458
	高强度	-2.483*	0.256	0.001	-3.007	-1.958
中强度	低强度	2.138*	0.332	0.001	1.458	2.818
	高强度	-0.345	0.234	0.152	-0.825	0.135

表5-25　高色温下强度相关样本在"清晰度"上两两比较的结果

（I）强度	（J）强度	均值差（I-J）	标准误差	显著性水平	95% 置信区间估计值	
					置信下限	置信上限
低强度	中强度	-2.069*	0.253	0.001	-2.587	-1.551
	高强度	-3.103*	0.213	0.001	-3.539	-2.668
中强度	低强度	2.069*	0.253	0.001	1.551	2.587
	高强度	-1.034*	0.189	0.001	-1.421	-0.648

（2）冷暖感

2（色温）×3（强度）×2（性别）的混合设计方差分析结果显示：性别主效果差异未达显著水平（$F_{(1, 27)}=0.212$，$P=0.649>0.05$），说明女性和男性感知的温度无显著性差异。2（色温）×3（强度）相关样本方差分析结果显示：两者交互作用效果不显著（$F_{(2, 27)}=3.076$，$P=0.054>0.05$）；但在色温上作用效果显著（$F_{(1, 28)}=182.269$，$P<0.001$），在强度上作用效果达到极其显著的水平（$F_{(1, 28)}=28.992$，$P<0.001$）。

在强度方面进一步两两比较，结果如表5-26所示，可知：低强度和中强度、低强度和高强度之间存在显著性差异，而中强度和高强度之间不存在显著性差异。由图5-12（b）可知：被试在中强度和高强度时感觉空间氛围较暖，而在低强度时感觉空间氛围较冷。

表5-26 强度相关样本在"冷暖感"上两两比较的结果

（I）强度	（J）强度	均值差（I-J）	标准误差	显著性水平	95% 置信区间估计值	
					置信下限	置信上限
低强度	中强度	−1.155*	0.165	0.001	−1.493	−0.808
	高强度	−1.466*	0.244	0.001	−1.966	−0.965
中强度	低强度	1.155*	0.165	0.001	0.818	1.493
	高强度	0.310	0.191	0.116	−0.702	0.081

在色温方面，由图5-12（b）可知：在低色温时空间氛围较暖，而在高色温时空间氛围较冷。

（3）均匀性

2（色温）×3（强度）×2（性别）的混合设计方差分析结果显示：性别主效果未达显著水平（$F_{(1, 27)}=3.436$，$P=0.075>0.05$），说明在感知空间光分布的均匀性方面性别之间无显著性差异。2（色温）×3（强度）相关样本方差分析结果显示：两者交互作用效果不显著（$F_{(2, 27)}=2.215$，$P=0.119>0.05$），在色温上作用效果也未达显著水平（$F_{(1, 28)}=0.063$，$P=0.802>0.05$）；但在强度上作用效果达到极其显著的水平（$F_{(1, 28)}=18.028$，$P<0.001$），说明被试感知空间光分布会因强度水平的不同而有所差异。对强度各水平进一步两两比较，结果如表5-27所示，可知：低强度和中强度、低强度和高强度、中强度和高强度之间都存在显著性差异。

表5-27 强度相关样本在"均匀性"上两两比较的结果

（I）强度	（J）强度	均值差（I-J）	标准误差	显著性水平	95% 置信区间估计值	
					置信下限	置信上限
低强度	中强度	−0.948*	0.306	0.004	−1.576	−0.321
	高强度	−1.672*	0.318	0.001	−2.324	−0.1021
中强度	低强度	0.948*	0.306	0.004	0.321	1.576
	高强度	−0.724*	0.198	0.001	−1.129	−0.319

在强度方面，由图5-12（c）可知：被试在高强度时感觉空间光分布相对均匀，其次为中强度，而在低强度时感觉不均匀。

（4）刺激性

2（色温）×3（强度）×2（性别）的混合设计方差分析结果显示：性别主效果不显著（$F_{(1, 27)}=0.319$，$P=0.577>0.05$），说明在对刺激性的感知上无男女性别差异。2（色温）×3（强度）相关样本方差分析结果显示：两者交互作用效果不显著（$F_{(2, 27)}=1.798$，$P=0.175>0.05$）；但在色温上作用效果显著（$F_{(1, 28)}=17.277$，$P<0.001$），在强度上作用效果达到极其显著的水平（$F_{(1, 28)}=40.832$，$P<0.001$），说明色温和强度分别对被试感知刺激性有显著作用。

在强度方面，进一步两两比较，结果如表5-28所示，可知：低强度和中强度、低强度和高强度之间存在显著性差异，而中强度和高强度之间不存在显著性差异。由图5-12（d）中的平均得分比较结果可知：相对于低强度，在中强度和高强度时，被试感觉空间光亮度较为刺激。

表5-28 强度相关样本在"刺激性"上两两比较的结果

（I）强度	（J）强度	均值差（I-J）	标准误差	显著性水平	95% 置信区间估计值	
					置信下限	置信上限
低强度	中强度	−1.569*	0.216	0.001	−2.011	−1.127
	高强度	−1.810*	0.283	0.001	−2.391	−1.230
中强度	低强度	1.569*	0.216	0.001	1.127	2.011
	高强度	−0.241	0.160	0.143	−0.569	0.087

在色温方面，由图5-12（d）中的平均得分比较结果可知：相对于低色温，在高色温时空间氛围显得较为刺激。

3. 实验设计3

重点照明（卤素）的四项评价内容（模糊-清晰、冷-暖、非均匀-均匀、不刺激-刺激）的主观评价平均得分，经Excel统计后，结果如图5-13所示。由图可知：（a）清晰度随着强度的增加而增大；（b）冷暖感与强度变化

的关系不明显；（c）均匀性随着强度的增加而增加；（d）刺激性随着强度的
增加而升高。

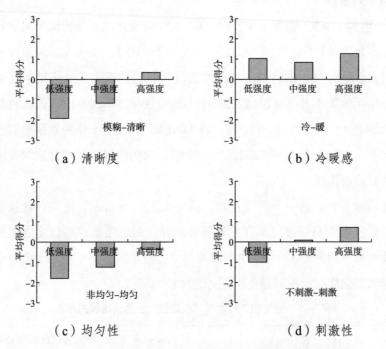

图5-13　重点照明（卤素）的四项评价内容得分统计结果

3（强度）×2（性别）的混合设计方差分析结果显示：在"模糊-清
晰""冷-暖""非均匀-均匀"和"不刺激-刺激"四项评价内容上，性别差
异都未达显著水平，如表5-29所示。

表5-29　重点照明（卤素）在"空间表象"上的性别差异显著性结果

评价项目	项目评价值（Mean ± SD）		统计值		
	男性	女性	df	F值	P值
模糊-清晰	−0.622 ± 0.246	−1.238 ± 0.186	1，27	3.327	0.079
冷-暖	1.244 ± 0.277	0.857 ± 0.287	1，27	0.941	0.341
非均匀-均匀	−0.800 ± 0.260	−1.524 ± 0.269	1，27	2.732	0.064
不刺激-刺激	0.111 ± 0.257	−0.214 ± 0.266	1，27	0.775	0.387

重点照明方式相关样本方差分析结果如表5-30所示，由表可知：三种照明条件在"模糊-清晰""非均匀-均匀"和"不刺激-刺激"评价项目上的得分差异都达到极其显著的水平；在"冷-暖"评价项目上的得分差异则未达显著水平（P=0.208>0.05）。

表5-30　重点照明（卤素）在"空间表象"上的评价结果与单因素方差分析

评价项目	项目评价值（Mean ± SD）			统计值		
	卤素低强度	卤素中强度	卤素高强度	df	F值	P值
模糊-清晰	−1.93 ± 0.225	−1.17 ± 0.185	0.344 ± 0.116	1，28	32.33	0.001
冷-暖	1.03 ± 0.782	0.86 ± 0.818	1.275 ± 1.217	1，28	1.613	0.208
非均匀-均匀	−1.79 ± 0.527	−1.24 ± 0.489	−0.413 ± 0.533	1，28	17.24	0.001
不刺激-刺激	1.000 ± 0.699	0.103 ± 0.563	0.75 ± 0.354	1，28	11.93	0.001

对存在显著性差异的评价项目进行事后两两比较，结果分别如表5-31至表5-33所示。

表5-31　强度相关样本在"清晰度"上两两比较的结果

（I）强度	（J）强度	均值差（I−J）	标准误差	显著性水平	95% 置信区间估计值	
					置信下限	置信上限
低强度	中强度	−0.759*	0.270	0.009	−1.312	−0.205
	高强度	−2.276*	0.271	0.001	−2.832	−1.720
中强度	低强度	0.759*	0.270	0.009	0.205	1.312
	高强度	−1.517*	0.320	0.001	−2.173	−0.861

由表5-31可知：各个强度水平两两之间都存在显著性差异。由图5-13（a）中的平均得分比较结果可知：在高强度时清晰度最高，其次为中强度（感觉模糊），在低强度时感觉最模糊。

表5-32　强度相关样本在"均匀性"上两两比较的结果

（I）强度	（J）强度	均值差（I-J）	标准误差	显著性水平	95% 置信区间估计值	
					置信下限	置信上限
低强度	中强度	−0.552*	0.202	0.011	−0.966	−0.138
	高强度	−1.379*	0.260	0.001	−1.912	−0.847
中强度	低强度	0.552*	0.202	0.011	0.138	0.966
	高强度	−0.828*	0.243	0.002	−1.326	−0.329

由表5-32可知：各个强度水平两两之间都存在显著性差异。由图5-13（c）中的平均得分比较结果可知：在三种强度下，被试感觉空间光分布都是非均匀的，在低强度时非均匀性最高，其次为中强度，最后是高强度。

表5-33　强度相关样本在"刺激性"上两两比较的结果

（I）强度	（J）强度	均值差（I-J）	标准误差	显著性水平	95% 置信区间估计值	
					置信下限	置信上限
低强度	中强度	−1.103*	0.352	0.004	−1.825	−0.382
	高强度	−1.759*	0.405	0.001	−2.589	−0.929
中强度	低强度	1.103*	0.352	0.004	0.382	1.825
	高强度	−0.655	0.330	0.057	−1.332	0.021

由表5-33可知：低强度和中强度、低强度和高强度之间都存在显著性差异，而中强度和高强度之间不存在显著性差异。比较三种强度下平均得分的大小，由图5-13（d）可知：在中强度和高强度时，被试感觉较为刺激，而在低强度时感觉不刺激。

4. 实验设计4

三种照明方式的四项评价内容（模糊-清晰、冷-暖、非均匀-均匀、不刺激-刺激）的主观评价平均得分，经Excel统计后，结果如图5-14所示，从图中可以得知：（a）清晰度随着空间光分布区域的增加而增大；（b）冷暖感与空间光分布的渐变关系不明显；（c）均匀性随着空间光分布区域的增加而增大；（d）刺激性随着空间光分布区域的增加而升高。

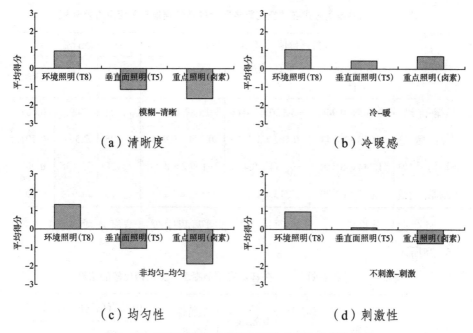

图5-14 三种照明方式的四项评价内容得分统计结果

3（强度）×2（性别）的混合设计方差分析结果显示，在空间表象的四项评价内容上，性别差异都未达显著水平，如表5-34所示。

表5-34 三种照明方式在"空间表象"上的性别差异显著性结果

评价项目	项目评价值（Mean ± SD）		统计值		
	男性	女性	df	F值	P值
模糊−清晰	−0.444 ± 0.166	−0.857 ± 0.172	1，27	2.974	0.096
冷−暖	0.689 ± 0.202	0.833 ± 0.209	1，27	0.247	0.623
非均匀−均匀	−0.444 ± 0.183	−0.595 ± 0.189	1，27	0.329	0.571
不刺激−刺激	0.222 ± 0.266	−0.048 ± 0.275	1，27	0.498	0.486

三种照明方式相关样本方差分析结果如表5-35所示，可知：三种照明方式在"模糊−清晰""非均匀−均匀"和"不刺激−刺激"评价项目上的得分差异都达到极其显著的水平；在"冷−暖"评价项目上的得分差异则未达显著水平（P=0.101>0.05）。

表5-35　三种照明方式在"空间表象"上的评价结果与单因素方差分析

评价项目	项目评价值（Mean ± SD）			统计值		
	环境照明（T8）	垂直面照明（T5）	重点照明（卤素）	df	F值	P值
模糊-清晰	0.965 ± 0.944	−1.120 ± 1.048	−1.689 ± 0.890	1, 28	79.93	0.001
冷-暖	1.068 ± 0.843	0.482 ± 1.137	0.724 ± 0.965	1, 28	2.391	0.101
非均匀-均匀	1.344 ± 0.340	−1.034 ± 0.496	−1.862 ± 0.23	1, 28	75.136	0.001
不刺激-刺激	1.613 ± 0.770	1.213 ± 1.210	0.693 ± 1.214	1, 28	21.974	0.001

对存在显著性差异的评价项目进行事后两两比较，结果分别如表5-36至表5-38所示。

表5-36　三种照明方式相关样本在"清晰度"上两两比较的结果

（I）光分布	（J）光分布	均值差（I−J）	标准误差	显著性水平	95% 置信区间估计值	
					置信下限	置信上限
环境照明（T8）	垂直面照明（T5）	2.172*	0.253	0.001	1.653	2.691
	重点照明（卤素）	2.655*	0.250	0.001	2.144	3.166
垂直面照明（T5）	环境照明（T8）	−2.172*	0.253	0.001	−2.691	−1.653
	重点照明（卤素）	0.483*	0.154	0.004	0.167	0.798

表5-37　三种照明方式相关样本在"均匀性"上两两比较的结果

（I）光分布	（J）光分布	均值差（I−J）	标准误差	显著性水平	95% 置信区间估计值	
					置信下限	置信上限
环境照明（T8）	垂直面照明（T5）	2.379*	0.308	0.001	1.749	3.009
	重点照明（卤素）	3.207*	0.260	0.001	2.675	3.739

续表

（I） 光分布	（J） 光分布	均值差 （I-J）	标准误差	显著性 水平	95% 置信区间估计值	
					置信下限	置信上限
垂直面照明（T5）	环境照明（T8）	-2.379*	0.308	0.001	-3.009	-1.749
	重点照明（卤素）	0.828*	0.243	0.002	0.329	1.326

表5-38 三种照明方式相关样本在"刺激性"上两两比较的结果

（I） 光分布	（J） 光分布	均值差 （I-J）	标准误差	显著性 水平	95% 置信区间估计值	
					置信下限	置信上限
环境照明（T8）	垂直面照明（T5）	0.862*	0.242	0.001	0.367	1.357
	重点照明（卤素）	1.759*	0.296	0.001	1.152	2.366
垂直面照明（T5）	环境照明（T8）	-0.862*	0.242	0.001	-1.357	-0.367
	重点照明（卤素）	0.897*	0.255	0.001	0.375	1.418

由表5-36至表5-38可以得知：在"模糊-清晰""非均匀-均匀"和"不刺激-刺激"三项评价内容上，三种照明方式两两之间都存在显著性差异。比较三项评价内容的平均得分，由图5-14可知：对于三种照明方式，在环境照明（T8）时，被试感觉刺激、光分布均匀且清晰；在垂直面照明（T5）时，被试感觉较刺激、光分布较不均匀且较模糊；在重点照明（卤素）时，被试感觉不刺激、光分布不均匀且模糊。

（二）空间观感指标

1. 实验设计1

环境照明（T8）的三项评价内容（私密-公共、狭小-开阔、紧张-放松）的主观评价平均得分，经Excel统计后，结果如图5-15所示，由图可知：

（a）公共性在高色温时随着强度的增加而升高，但在低色温时，中强度和高强度对应的公共性区别不大；（b）开阔性随着强度的增加而增加；（c）放松感随强度和色温渐变的趋势不太明显。

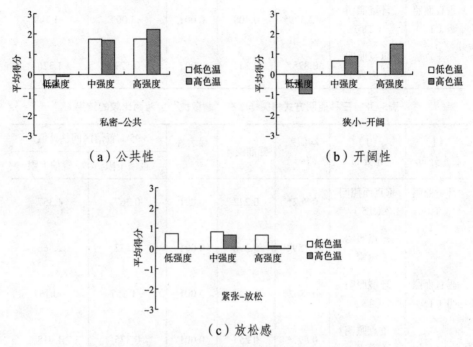

（a）公共性　　　　　　　（b）开阔性

（c）放松感

图5-15　环境照明（T8）的三项评价内容得分统计结果

（1）公共性

3（强度）×2（色温）×2（性别）的混合设计方差分析结果显示：性别主效果不显著（F（1，27）=0.005，P=0.947>0.05），说明在对公共性的感知上无男女性别差异。2（色温）×3（强度）相关样本方差分析结果显示：两者交互作用效果显著（F（2，27）=4.728，P=0.013<0.05）；在色温上作用效果不显著（F（1，28）=0.679，P=0.417>0.05）；在强度上作用效果达到极其显著的水平（F（1，28）=15.312，P<0.001）。

对强度进一步两两比较，结果如表5-39所示，可知：低强度和中强度、低强度和高强度之间存在显著性差异，中强度和高强度之间不存在显著性差异。

114

表5-39　强度相关样本在"公共性"上两两比较的结果

（I）强度	（J）强度	均值差（I-J）	标准误差	显著性水平	95% 置信区间估计值	
					置信下限	置信上限
低强度	中强度	-1.500*	0.388	0.001	-2.294	-0.706
	高强度	-1.776*	0.388	0.001	-2.571	-0.981
中强度	低强度	1.500*	0.388	0.001	0.706	2.294
	高强度	-0.276	0.239	0.258	-0.765	0.213

比较平均得分，如图5-15（a）所示，可以得知：在中强度和高强度时，被试感觉空间的公共性较强，而在低强度时，私密性较强。

（2）开阔性

3（强度）×2（色温）×2（性别）的混合设计方差分析结果显示：性别主效果不显著（$F_{(1, 27)}=3.416$，$P=0.076>0.05$），说明在对开阔性的感知上无男女性别差异。2（色温）×3（强度）相关样本方差分析结果显示：色温和强度交互作用效果未达显著水平（$F_{(2, 27)}=0.837$，$P=0.44>0.05$）；但在色温上作用效果达显著水平（$F_{(2, 27)}=4.919$，$P=0.035<0.05$），在强度上作用效果达极其显著的水平（$F_{(2, 27)}=69.365$，$P<0.001$），说明色温和强度对开阔性有显著作用。

在强度方面，进一步两两比较，结果如表5-40所示，可以得知：低强度和中强度、低强度和高强度、中强度和高强度之间都存在显著性差异。

表5-40　强度相关样本在"开阔性"上两两比较的结果

（I）强度	（J）强度	均值差（I-J）	标准误差	显著性水平	95% 置信区间估计值	
					置信下限	置信上限
低强度	中强度	-2.052*	0.256	0.001	-2.576	-1.528
	高强度	-2.328*	0.258	0.001	-2.857	-1.799
中强度	低强度	2.052*	0.256	0.001	1.528	2.576
	高强度	-0.276*	0.088	0.004	-0.456	-0.096

比较三种强度的平均得分，如图5-15（b）所示，可知：在高强度时，被试感觉最开阔，其次为中强度，而在低强度时感觉狭小。

在色温方面，比较平均得分，如图5-15（b）所示，可知：相对于低色温，在高色温时感觉较为开阔。

（3）放松感

3（强度）×2（色温）×2（性别）的混合设计方差分析结果显示：性别主效果不显著（$F_{(1, 27)}=0.183$，$P=0.672>0.05$），说明在放松感上无男女性别差异。2（色温）×3（强度）相关样本方差分析结果显示：色温、强度二者之间的交互作用效果不显著（$F_{(2, 27)}=0.851$，$P=0.433>0.05$）；在色温上作用效果不显著（$F_{(1, 28)}=3.423$，$P=0.075>0.05$）；在强度上作用效果也未达到显著水平（$F_{(1, 28)}=1.296$，$P=0.282>0.05$），说明强度和色温对被试感知紧张或放松的氛围没有显著影响。

2. 实验设计2

垂直面照明（T5）的三项评价内容（私密-公共、狭小-开阔、紧张-放松）的主观评价平均得分，经Excel统计后，结果如图5-16所示，由图可知：（a）公共性在高色温时随着强度的增加而增加，但在低色温时，中强度和高强度对应的公共性区别不大；（b）开阔性随着强度的增加而增加；（c）放松感随强度和色温渐变的趋势不太明显。

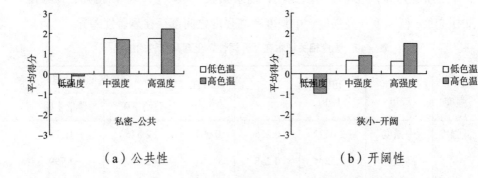

（a）公共性　　　　　　　　　　　（b）开阔性

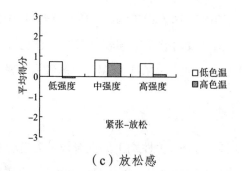

（c）放松感

图5-16 垂直面照明（T5）的三项评价内容得分统计结果

（1）公共性

3（强度）×2（色温）×2（性别）的混合设计方差分析结果显示：性别主效果不显著（F（1，27）=1.090，P=0.306>0.05），说明在对公共性的感知上无男女性别差异。2（色温）×3（强度）相关样本方差分析结果显示：两者交互作用效果不显著（F（2，27）=2.602，P=0.083>0.05）；但在色温上作用效果显著（F（1，28）=14.733，P<0.001），在强度上作用效果达到极其显著的水平（F（1，28）=8.129，P<0.001），说明被试对公共性的感知会因强度和色温的不同而有显著性差异。

在强度方面，进一步两两比较，结果如表5-41所示，可知：低强度和中强度、低强度和高强度之间存在显著性差异，中强度和高强度之间不存在显著性差异。

表5-41 强度相关样本在"公共性"上两两比较的结果

（I）强度	（J）强度	均值差（I-J）	标准误差	显著性水平	95% 置信区间估计值	
					置信下限	置信上限
低强度	中强度	−0.897*	0.304	0.006	−1.520	−0.273
	高强度	−1.138*	0.312	0.001	−1.777	−0.499
中强度	低强度	0.897*	0.304	0.006	0.273	1.520
	高强度	−0.241	0.275	0.387	−0.804	0.321

比较平均得分，如图5-16（a）所示，可知：被试在中强度和高强度时感觉空间较为公共，在低强度时感觉空间较为私密。在色温方面，比较平均得分，如图5-16（a）所示，可知：在低色温时空间较为私密，在高色温时空间较为公共。

（2）开阔性

2（色温）×3（强度）×2（性别）的混合设计方差分析结果显示：性别主效果不显著（F（1，27）=1.472，P=0.236>0.05），说明在对开阔性的感知上无男女性别差异。2（色温）×3（强度）相关样本方差分析结果显示：两者交互作用效果达显著水平（F（2，27）=3.680，P=0.032<0.05）。对色温和强度分别在各自的水平上进行单纯主要效果检验，分析结果如表5-42所示。

表5-42　单纯主要效果检验的方差分析结果

变异来源	SS	df	MS	F	P
色温					
低强度	0.431	1	0.431	1.331	0.258
中强度	0.431	1	0.431	0.446	0.510
高强度	6.897	1	6.897	10.667	0.003
强度					
低色温	104.920	2	52.460	47.069	0.001
高色温	144.828	2	74.414	103.521	0.001

由上表可知：在强度水平上，在高强度时，高色温和低色温的得分存在显著性差异。比较平均得分，如图5-16（b）所示，可知：相对于低色温，在高色温时空间较为开阔。

在色温上，三种强度水平的得分差异都达显著水平。在低色温时，进一步两两比较，结果如表5-43所示，可知：低强度和中强度、低强度和高强度之间有显著性差异，而中强度和高强度之间没有显著性差异。

表5-43　低色温下强度相关样本在"开阔性"上两两比较的结果

（I）强度	（J）强度	均值差（I-J）	标准误差	显著性水平	95% 置信区间估计值	
					置信下限	置信上限
低强度	中强度	-1.724*	0.301	0.001	-2.342	-1.107
	高强度	-1.690*	0.268	0.001	-2.238	-1.141
中强度	低强度	1.724*	0.301	0.001	1.107	2.342
	高强度	0.034	0.304	0.910	-0.588	0.657

平均得分比较结果如图5-16（b）所示，可以得知：在低色温下，被试在中强度和高强度时感觉开阔，在低强度时感觉狭小。

在高色温时，进一步两两比较，结果如表5-44所示，由表可知：低强度和中强度、低强度和高强度、中强度和高强度之间都有显著性差异。

表5-44　高色温下强度相关样本在"开阔性"上两两比较的结果

（I）强度	（J）强度	均值差（I-J）	标准误差	显著性水平	95% 置信区间估计值	
					置信下限	置信上限
低强度	中强度	-2.069*	0.248	0.001	-2.577	-1.561
	高强度	-2.552*	0.312	0.001	-3.191	-1.912
中强度	低强度	2.069*	0.248	0.001	1.561	2.577
	高强度	-0.483*	0.176	0.011	-0.844	-0.122

平均得分比较结果如图5-16（b）所示，可以得知：在高色温下，被试在高强度时感觉最开阔，其次是中强度，而在低强度时感觉狭小。

（3）放松感

3（强度）×2（色温）×2（性别）的混合设计方差分析结果显示：性别主效果不显著（F（1，27）=0.014，P=0.906>0.05），说明在放松感上无男女性别差异。2（色温）×3（强度）相关样本方差分析结果显示：色温、强度二者之间的交互作用效果不显著（F（2，27）=2.091，P=0.133>0.05）；在色温上作用效果不显著（F（1，28）=2.309，P=2.360>0.05）；在强度上作用效果也未达到显著水平（F（1，28）=3.148，P=0.051>0.05），说明色温和强度对被试感知紧张或放松的氛围无显著影响。

3. 实验设计3

重点照明（卤素）的三项评价内容（私密-公共、狭小-开阔、紧张-放松）的主观评价平均得分，经Excel统计后，结果如图5-17所示，由图可知：（a）私密性随着强度的增加而减小；（b）开阔性随着强度的增加而增加；（c）放松感随着强度的增加而升高。

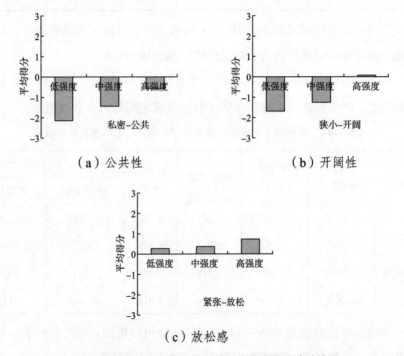

图5-17 重点照明（卤素）的三项评价内容得分统计结果

3（强度）×2（性别）的混合设计方差分析结果显示：在"私密-公共""狭小-开阔"和"紧张-放松"三项评价内容上，性别差异都未达显著水平，结果如表5-45所示。

表5-45 重点照明（卤素）在"空间观感"上的性别差异显著性结果

评价项目	项目评价值（Mean ± SD）		统计值		
	男性	女性	df	F值	P值
私密-公共	−0.622 ± 0.279	−1.381 ± 0.289	1，27	3.574	0.069
狭小-开阔	1.244 ± 0.211	−1.548 ± 0.218	1，27	0.997	0.327
紧张-放松	0.844 ± 0.297	0.048 ± 0.307	1，27	3.476	0.073

重点照明方式相关样本方差分析结果见表5-46，可知：三种照明条件在"私密-公共"和"狭小-开阔"评价项目上的得分差异都达到极其显著的水平。

表5-46 重点照明（卤素）在"空间观感"上的评价结果与单因素方差分析

评价项目	项目评价值（Mean ± SD）			统计值		
	卤素低强度	卤素中强度	卤素高强度	df	F值	P值
私密-公共	−1.72 ± 0.315	−1.27 ± 0.214	0.034 ± 0.186	1，28	32.33	0.001
狭小-开阔	−2.17 ± 0.282	−1.448 ± 0.432	−0.551 ± 0.392	1，28	35.16	0.001
紧张-放松	0.275 ± 0.723	0.379 ± 0.593	0.724 ± 0.519	1，28	1.186	0.313

对存在显著性差异的评价项目进行两两比较，结果分别如表5-47和表5-48所示。

表5-47 强度相关样本在"公共性"上两两比较的结果

（I）强度	（J）强度	均值差（I-J）	标准误差	显著性水平	95% 置信区间估计值	
					置信下限	置信上限
低强度	中强度	−0.448*	0.208	0.040	−1.875	−0.022
	高强度	−1.759*	0.320	0.001	−2.415	−1.102
中强度	低强度	0.448*	0.208	0.040	0.022	0.875
	高强度	−1.310*	0.272	0.001	−1.868	−0.753

由上表可以得知：各个强度水平两两之间都存在显著性差异。比较平均得分，如图5-17（a）所示，可知：在低强度时私密性最强，其次为中强度，在高强度时私密性最弱。

表5-48　强度相关样本在"开阔性"上两两比较的结果

（I）强度	（J）强度	均值差（I-J）	标准误差	显著性水平	95%置信区间估计值	
					置信下限	置信上限
低强度	中强度	−0.724*	0.192	0.001	−1.117	−0.332
	高强度	−1.621*	0.213	0.001	−2.057	−1.184
中强度	低强度	0.724*	0.192	0.001	0.332	1.117
	高强度	−0.897*	0.174	0.001	−1.254	−0.539

由上表可以得知：各个强度水平两两之间都存在显著性差异。比较平均得分，如图5-17（b）所示，可知：在低强度时狭小性最强，其次为中强度，在高强度时狭小性最弱。

4. 实验设计4

三种照明方式的三项评价内容（私密-公共、狭小-开阔、紧张-放松）的主观评价平均得分，经Excel统计后，结果如图5-18所示，由图可知：（a）私密性随着空间光分布区域的增加而减小；（b）开阔性随着空间光分布区域的增加而增大；（c）放松感随着空间光分布区域的增加而增大。

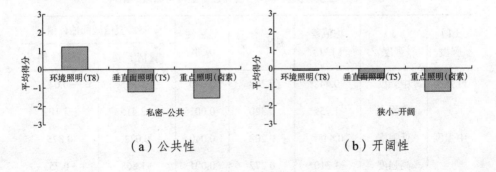

（a）公共性　　　　　　　　　　（b）开阔性

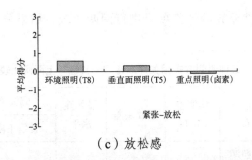

（c）放松感

图5-18　三种照明方式的三项评价内容得分统计结果

3（强度）×2（性别）的混合设计方差分析结果显示，在空间观感的三项评价内容上，性别差异都未达显著水平，如表5-49所示。

表5-49　三种照明方式在"空间观感"上的性别差异显著性结果

评价项目	项目评价值（Mean ± SD）		统计值		
	男性	女性	df	F值	P值
私密-公共	−0.333 ± 0.261	−0.905 ± 0.270	1，27	0.181	0.674
狭小-开阔	−0.422 ± 0.171	−0.667 ± 0.177	1，27	0.983	0.330
紧张-放松	0.422 ± 0.266	0.095 ± 0.267	1，27	0.778	0.386

三种照明方式相关样本方差分析结果如表5-50所示，可知：三种照明方式在"私密-公共"和"狭小-开阔"评价项目上的得分差异都达到极其显著的水平；在"紧张-放松"评价项目上的得分差异则未达到显著水平（P=0.386>0.05）。

表5-50　三种照明方式在"空间观感"上的评价结果与单因素方差分析

评价项目	项目评价值（Mean ± SD）			统计值		
	环境照明（T8）	垂直面照明（T5）	重点照明（卤素）	df	F值	P值
私密-公共	−0.034 ± 0.454	−0.517 ± 0.648	−1.275 ± 0.592	1，28	23.650	0.001
狭小-开阔	1.206 ± 0.491	−1.241 ± 0.375	−1.586 ± 0.234	1，28	98.692	0.001
紧张-放松	0.586 ± 0.670	0.310 ± 0.710	−0.103 ± 0.814	1，28	0.778	0.386

对存在显著性差异的评价项目进行两两比较，结果分别如表5-51和表5-52所示。

表5-51　三种照明方式相关样本在"公共性"上两两比较的结果

（I）光分布	（J）光分布	均值差（I-J）	标准误差	显著性水平	95% 置信区间估计值	
					置信下限	置信上限
环境照明（T8）	垂直面照明（T5）	0.879*	0.240	0.001	0.387	1.371
	重点照明（卤素）	1.801*	0.290	0.001	1.207	2.396
垂直面照明（T5）	环境照明（T8）	−0.879*	0.240	0.001	−1.371	−0.387
	重点照明（卤素）	0.923*	0.253	0.001	0.405	1.441

表5-52　三种照明方式相关样本在"开阔性"上两两比较的结果

（I）光分布	（J）光分布	均值差（I-J）	标准误差	显著性水平	95% 置信区间估计值	
					置信下限	置信上限
环境照明（T8）	垂直面照明（T5）	2.448*	0.231	0.001	1.976	2.921
	重点照明（卤素）	2.793*	0.245	0.001	2.291	3.295
垂直面照明（T5）	环境照明（T8）	−2.448*	0.231	0.001	−2.921	−1.976
	重点照明（卤素）	0.345*	0.167	0.048	0.329	0.686

由表5-51和表5-52可知：三种照明方式两两之间都存在显著性差异。比较平均得分，如图5-18（a）和图5-18（b）所示，可知：对于三种照明方式，在环境照明（T8）时，被试感觉较为开阔，但私密性较差；其次为垂直面照明（T5）；在重点照明（卤素）时，被试感觉较为狭小，但私密性较好。

（三）喜好性和商业气氛指标

喜好性指标包含"不美丽-美丽""不愉悦-愉悦"和"不吸引人-吸引人"三项评价内容，商业气氛指标包含"单调-生动""无购买欲-有购买欲"和"廉价-昂贵"三项评价内容。将这两个指标合成一个指标，总指标共含六项评价内容。

实验1至实验4均为单一类型照明，共18种照明条件。在每一种照明条件下，六项评价内容的内部一致性信度，可以用克伦巴赫系数（Cronbach's α）来表示，计算的结果如表5-53所示。

表5-53　"喜好性和商业气氛"总指标内部一致性信度

评价内容	克伦巴赫系数
不美丽-美丽	0.98
不愉悦-愉悦	0.88
不吸引人-吸引人	0.94
单调-生动	0.92
无购买欲-有购买欲	0.84
廉价-昂贵	0.95
平均值	0.91

由上表可知，克伦巴赫系数的平均值为0.91，这说明在实验1至实验4中，六项评价内容的内部一致性信度较高，且喜好性和商业气氛指标具有高度的一致性，可以通过求平均数的方法将六项评价内容合并为一项，这样可以获得精度更高的实验结论。有关喜好性指标和商业气氛指标可用"喜好性和商业气氛"总指标来代替。

1. 实验设计1

在环境照明（T8）条件下，被试在喜好性和商业气氛总指标上的得分经Excel统计后，结果如图5-19所示，可知：喜好性和商业气氛随着强度的增加而升高，在高强度时，喜好性和商业气氛最强；喜好性和商业气氛随着色温的升高而降低，在高色温时，喜好性和商业气氛较弱，在低色温时较强。

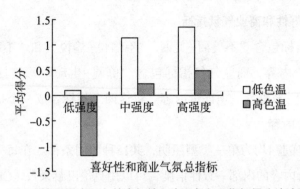

图5-19　环境照明（T8）的喜好性和商业气氛总指标得分统计结果

3（强度）×2（色温）×2（性别）的混合设计方差分析结果显示：性别主效果不显著（F（1，27）=0.001，P=0.983>0.05），说明在喜好性和商业气氛上无男女性别差异。2（色温）×3（强度）相关样本方差分析结果显示：色温、强度二者之间的交互作用效果不显著（F（2，27）=0.933，P=0.399>0.05）；在色温上作用效果达到显著水平（F（1，28）=25.099，P<0.001），在强度上作用效果也达到显著水平（F（1，28）=34.070，P<0.001），说明色温和强度分别对喜好性和商业气氛有显著作用。

在强度方面，进一步两两比较，结果如表5-54所示，可知：低强度和中强度、低强度和高强度、中强度和高强度之间都存在显著性差异。

表5-54　强度相关样本在"喜好性和商业气氛"上两两比较的结果

（I）强度	（J）强度	均值差（I-J）	标准误差	显著性水平	95% 置信区间估计值	
					置信下限	置信上限
低强度	中强度	−1.103*	0.210	0.001	−1.533	−0.674
	高强度	−1.517*	0.202	0.001	−1.932	−1.103
中强度	低强度	1.103*	0.210	0.001	0.674	1.533
	高强度	−0.414*	0.153	0.012	−0.727	−0.100

比较三种强度水平的平均得分，如图5-19所示，可以得知：在高强度时，喜好性和商业气氛最强，其次为中强度，在低强度时喜好性和商业气氛较弱。

在色温方面，比较平均得分，如图5-19所示，可知：相对于高色温，在低色温时，喜好性和商业气氛较强。

2. 实验设计2

在垂直面照明（T5）条件下，被试在喜好性和商业气氛总指标上的得分经Excel统计后，结果如图5-20所示，可以得知：喜好性和商业气氛随着强度的增加而升高，在高强度时，喜好性和商业气氛最强；喜好性和商业气氛随着色温的升高而降低，在高色温时，喜好性和商业气氛较弱，在低色温时较强。

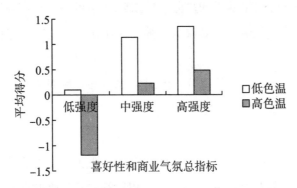

图5-20　垂直面照明（T5）的喜好性和商业气氛总指标得分统计结果

3（强度）×2（色温）×2（性别）的混合设计方差分析结果显示：性别主效果不显著（$F_{(1, 27)}=2.302$，$P=0.141>0.05$），说明在喜好性和商业气氛上无男女性别差异。2（色温）×3（强度）相关样本方差分析结果显示：色温、强度二者之间的交互作用效果不显著（$F_{(2, 27)}=2.703$，$P=0.076>0.05$）；在色温上作用效果达到显著水平（$F_{(1, 28)}=13.405$，$P<0.001$），在强度上作用效果也达到显著水平（$F_{(1, 28)}=35.406$，$P<0.001$），说明色温和强度分别对喜好性和商业气氛有显著作用。

在强度方面，进一步两两比较，结果如表5-55所示，可知：低强度和中强度、低强度和高强度、中强度和高强度之间都存在显著性差异。

表5-55　强度相关样本在"喜好性和商业气氛"上两两比较的结果

（I）强度	（J）强度	均值差（I-J）	标准误差	显著性水平	95% 置信区间估计值	
					置信下限	置信上限
低强度	中强度	−0.810*	0.176	0.001	−1.171	−0.449
	高强度	−1.293*	0.252	0.001	−1.810	−0.776
中强度	低强度	0.810*	0.176	0.001	0.449	1.171
	高强度	−0.483*	0.183	0.014	−0.858	−0.108

比较三种强度水平的平均得分，从图5-20中可知：在高强度时，被试感觉喜好性和商业气氛最强，其次为中强度，而在低强度时喜好性和商业气氛较弱。

在色温方面，比较平均得分，由图5-20可知：相对于高色温，在低色温时，被试感觉喜好性和商业气氛较强。

3. 实验设计3

在重点照明（卤素）条件下，被试在喜好性和商业气氛总指标上的得分经Excel统计后，结果如图5-21所示，可以得知：喜好性和商业气氛随着强度的增加而升高，在高强度时，喜好性和商业气氛最强。

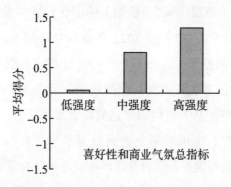

图5-21　重点照明（卤素）的喜好性和商业气氛总指标得分统计结果

3（强度）×2（性别）的混合设计方差分析结果显示：性别主效果不显著（F（1，27）=0.151，P=0.700>0.05），说明在喜好性和商业气氛上无男女性别差异。强度相关样本方差分析结果显示：在强度上作用效果达到极其显著的水平（F（1，28）=10.996，P<0.001），说明强度对喜好性和商业气氛有显著影响。进一步两两比较，结果如表5-56所示。

表5-56　强度相关样本在"喜好性和商业气氛"上两两比较的结果

（I）强度	（J）强度	均值差（I-J）	标准误差	显著性水平	95% 置信区间估计值	
					置信下限	置信上限
低强度	中强度	−0.793*	0.315	0.001	−1.439	−0.147
	高强度	−1.345*	0.326	0.001	−2.014	−0.676
中强度	低强度	0.793*	0.315	0.001	0.147	1.439
	高强度	−0.552*	0.208	0.013	−0.978	−0.125

由表5-56可以得知：各个强度水平两两之间都存在显著性差异。比较平均得分，结果如图5-21所示，可知：在高强度时，喜好性和商业气氛最强，其次为中强度，而在低强度时喜好性和商业气氛较弱。

4. 实验设计4

在三种照明方式下，被试在喜好性和商业气氛总指标上的得分经Excel统计后，结果如图5-22所示，由图可知：喜好性和商业气氛随着光分布区域面积的减少而增大，即对比度越大，喜好性和商业氛围越强。

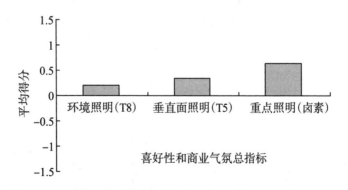

图5-22　三种照明方式的喜好性和商业气氛总指标得分统计结果

3（照明方式）×2（性别）的混合设计方差分析结果显示：性别主效果无显著性差异（F（1，27）=0.546，P=0.466>0.05），说明在喜好性和商业气氛上无男女性别差异。照明方式相关样本方差分析结果显示：在光分布的水平上得分差异未达显著水平（F（1，28）=1.416，P=0.251>0.05），说明照明方式的差异对喜好性和商业气氛无显著影响。

二、分析与讨论

（一）空间表象指标

空间表象指标是与强度、色温和光分布（照明方式）有直接关系的评价指标，三个评价项目（清晰度、冷暖感、均匀性）的主观评价结果在强度、色温和光分布上的差异，说明了强度、色温和光分布（照明方式）三个因素在客观和主观上达到了一致性，即客观调节强度越大，人主观感觉越亮，空间越清晰；色温越高，光色越冷，人主观感觉越冷；客观光分布越集中，人主观感觉光分布越不均匀。这就意味着通过实验调节的方法，被试能够区别不同的强度、色温以及光分布水平，进而能够区别由这三个照明因素变化所产生的其他环境氛围。

将实验1至实验4中的空间表象指标存在显著性差异的结果分别列出，如表5-57至表5-60所示。

表5-57　环境照明（T8）的空间表象指标主要实验结论

氛围	分项指标	性别差异		色温与强度的实验结果显著性			色温与强度的主要实验结论
		有无	主要结论	色温与强度交互作用	色温水平	强度水平	
空间表象	模糊-清晰					√	强度：高强度（清晰）>中强度（清晰）>低强度（模糊）

续表

氛围	分项指标	性别差异		色温与强度的实验结果显著性			色温与强度的主要实验结论
		有无	主要结论	色温与强度交互作用	色温水平	强度水平	
空间表象	冷-暖	√	女性（暖）>男性（冷）	√			强度：低色温（暖）>高色温（冷） 色温：低色温，中强度>低强度（暖） 　　　高强度>低强度（暖） 　　　高色温，低强度>中强度（冷） 　　　高强度>中强度（冷）
	非均匀-均匀	√	女性（均匀）>男性（均匀）			√	强度：中强度（均匀）>低强度（非均匀） 　　　高强度（均匀）>低强度（非均匀）
	不刺激-刺激				√	√	强度：中强度（刺激）>低强度（刺激） 　　　高强度（刺激）>低强度（刺激） 色温：高色温（刺激）>低色温（刺激）

注：打"√"代表作用效果达显著水平，P<0.05。

表5-58　垂直面照明（T5）的空间表象指标主要实验结论

氛围	分项指标	性别差异		色温与强度的实验结果显著性			色温与强度的主要实验结论
		有无	主要结论	色温与强度交互作用	色温水平	强度水平	
空间表象	模糊-清晰			√			强度： 低强度，高色温（模糊）>低色温（模糊） 高强度，高色温（清晰）>低色温（清晰） 色温： 低色温，中强度（清晰）>低强度（模糊） 　　　高强度（清晰）>低强度（模糊） 高色温，高强度（清晰）>中强度（清晰） 　　　>低强度（模糊）

131

续表

氛围	分项指标	性别差异		色温与强度的实验结果显著性			色温与强度的主要实验结论
		有无	主要结论	色温与强度交互作用	色温水平	强度水平	
空间表象	冷–暖				√	√	强度：高强度（暖）>中强度（暖）>低强度（冷） 色温：低色温（暖）>高色温（冷）
	非均匀–均匀					√	强度：高强度（均匀）>中强度（均匀）>低强度（非均匀）
	不刺激–刺激				√	√	强度：高强度（刺激）>低强度（不刺激） 中强度（刺激）>低强度（不刺激） 色温：高色温（刺激）>低色温（刺激）

表5–59 重点照明（卤素）的空间表象指标主要实验结论

氛围	分项指标	性别差异		强度显著性	强度的主要实验结论
		有无	主要结论		
空间表象	模糊–清晰			√	强度：高强度（清晰）>中强度（模糊）>低强度（模糊）
	非均匀–均匀			√	强度：高强度（非均匀）>中强度（非均匀）>低强度（非均匀）
	不刺激–刺激			√	强度：中强度（刺激）>低强度（不刺激） 高强度（刺激）>低强度（不刺激）

表5-60 三种照明方式的空间表象指标主要实验结论

氛围	分项指标	性别差异		强度显著性	强度的主要实验结论
		有无	主要结论		
空间表象	模糊–清晰			√	环境照明（T8）（清晰）>垂直面照明（T5）（模糊）>重点照明（卤素）（模糊）
	非均匀–均匀			√	环境照明（T8）（均匀）>垂直面照明（T5）（非均匀）>重点照明（卤素）（非均匀）
	不刺激–刺激			√	环境照明（T8）（刺激）>垂直面照明（T5）（刺激）>重点照明（卤素）（不刺激）

综合表5-57至表5-60的结果可知：

1. 清晰度与强度、色温、照明方式有显著关系。在环境照明（T8）和重点照明（卤素）条件下，强度越高，亮度水平越高，清晰度越高；在垂直面照明（T5）条件下，除强度外，色温对清晰度有显著影响，相对于低色温，在高色温时清晰度较高。

2. 冷暖感与强度、色温、照明方式有显著关系。在环境照明（T8）和垂直面照明（T5）条件下，强度越高，高色温时感觉越冷，低色温时感觉越暖；在环境照明（T8）条件下，色温与强度有一定的交互作用，在低色温时，强度越高则感觉越暖，但在高色温时，高强度水平和低强度水平感觉较冷，中强度水平并不比低强度水平感觉冷。

3. 均匀性与照明方式和强度有显著关系，与色温无显著关系。强度越高，均匀性越好；在环境照明（T8）时，光分布较为开阔，均匀性较好；随着光分布面积的减少，均匀性降低，在重点照明（卤素）时，光分布达到非均匀状态。

4. 刺激性与照明方式、强度和色温有显著关系。强度越大，刺激性越强；光分布越均匀，刺激性越弱；色温越高，刺激性越强。

5. 在对冷暖感和均匀性的感知上，性别有显著性差异，女性感觉的温度要比男性暖，感觉的光分布要比男性均匀，其他的性别差异未达显著水平。

6.本次实验结论与前人的研究结果较为一致，但略有不同，具体表现在：第一，不同照明方式的清晰度对比结论不同。艾谢·杜拉克（2007）在其实验结论中认为环境照明和垂直面照明的清晰度无显著性差异，而本次实验结论显示：环境照明和垂直面照明的清晰度存在显著性差异。其主要原因有二，一是光源及其配置强度不同，前者的实验场景最低照度值为320 lx，本次实验设计4中（由光环境测量结果可知），场景最大照度值仅为63 lx，亮度整体较暗；二是艾谢·杜拉克在实验中是对四个墙面都进行垂直面照明，而本次实验只是对沙发后面的背景墙进行垂直面照明。总的来说，结论产生差异的主要原因是光源光强以及垂直面照明方式不同。第二，性别感知的均匀性不同。范·厄普（2008）的实验在环境照明时，男性感知的均匀性大于女性，而本次实验结论是女性感知的均匀性大于男性，结论正好相反。另外，在重点照明上，本次实验没有发现对均匀性的感知存在性别差异，而范·厄普发现女性感知的均匀性大于男性。

总的来说，除色温对均匀性无显著影响外，三个照明因素对空间表象指标的各项评价内容都有显著的作用效果。

（二）空间观感指标

空间观感指标是人们观察光环境后得出的心理感受。将实验1至实验4中的空间观感指标存在显著性差异的实验结论分别列出，如表5-61至表5-64所示。

表5-61　环境照明（T8）的空间观感指标主要实验结论

氛围	分项指标	性别差异		色温与强度的实验结果显著性			色温与强度的主要实验结论
		有无	主要结论	色温与强度交互作用	色温水平	强度水平	
空间表象	私密-公共					√	强度：高强度（公共）>中强度（公共）>低强度（私密）
	狭小-开阔			√		√	强度：高强度（开阔）>低强度（狭小）中强度（开阔）>低强度（狭小）色温：高色温（开阔）>低色温（开阔）

注：打"√"代表作用效果达显著水平，P<0.05。

表5-62 垂直面照明（T5）的空间观感指标主要实验结论

氛围	分项指标	性别差异		色温与强度的实验结果显著性			色温与强度的主要实验结论
		有无	主要结论	色温与强度交互作用	色温水平	强度水平	
空间观感	私密-公共				√	√	强度：高强度（公共）>低强度（私密） 中强度（公共）>低强度（私密） 色温：高色温（公共）>低色温（私密）
	狭小-开阔			√			强度： 高强度，高色温（开阔）>低色温（开阔） 色温： 低色温，中强度（开阔）>低强度（狭小） 高强度（开阔）>低强度（狭小） 高色温，高强度（开阔）>中强度（开阔） >低强度（狭小）

表5-63 重点照明（卤素）的空间观感指标主要实验结论

氛围	分项指标	性别差异		强度显著性	强度的主要实验结论
		有无	主要结论		
空间观感	私密-公共			√	强度： 高强度（私密）>中强度（私密）>低强度（私密）
	狭小-开阔			√	强度：高强度（开阔）>低强度（狭小）

表5-64 三种照明方式的空间观感指标主要实验结论

氛围	分项指标	性别差异		强度显著性	强度的主要实验结论
		有无	主要结论		
空间观感	私密-公共			√	环境照明（T8）（公共）>垂直面照明（T5）（私密）>重点照明（卤素）（私密）
	狭小-开阔			√	环境照明（T8）（狭小）>垂直面照明（T5）（狭小）>重点照明（卤素）（狭小）

综合表5-61至表5-64的结果可知：

1. 公共性与强度、色温以及照明方式有显著关系。在环境照明（T8）条件下，公共性只与强度有显著关系，强度越大，公共性越强，与色温无显著关系。在垂直面照明（T5）条件下，强度和色温对公共性都有显著影响，就强度而言，强度越大，公共性越强；就色温而言，在低色温时，被试感觉私密性较强，而在高色温时，被试感觉公共性较强。在重点照明（卤素）条件下，随着强度的增加，私密性逐渐降低。

2. 开阔性与色温、强度和照明方式都有显著关系。就色温而言，色温越高，开阔性越好。就强度而言，强度越大，开阔性越好。就照明方式而言，在环境照明（T8）时，开阔性较好；随着照明区域的不断集中，狭小性逐步变强，在重点照明（卤素）时，狭小性最强。

3. 放松感与强度、色温以及照明方式无显著关系。

综合以上讨论结果发现，本次实验结论与前人的研究结果有所差异。艾谢·杜拉克（2007）在实验中发现，与环境照明相比，墙面的垂直面照明的空间开阔性较强。而在本次实验中，环境照明（T8）的空间开阔性强于垂直面照明（T5），主要还是由于两个实验的场景亮度和所用的垂直面照明光源有所不同。

（三）喜好性和商业气氛指标

对于喜好性和商业气氛指标，通过对六项评价内容的内部一致性信度分析可以发现：在实验1至实验4中，喜好性和商业气氛有很强的相关性，喜好性越强，说明空间的商业气氛越好。由表5-65至表5-67可知，喜好性与强度、色温以及光分布（照明方式）有显著关系，被试认为高强度、低色温以及非均匀光分布的空间商业气氛相对较好。这为商业环境的照明因素选择提供了依据。

表5-65　环境照明（T8）的喜好性和商业气氛指标主要实验结论

氛围	分项指标	性别差异		色温与强度的实验结果显著性			色温与强度的主要实验结论
		有无	主要结论	色温与强度交互作用	色温水平	强度水平	
喜好性和商业气氛					√	√	强度：高强度>中强度>低强度 色温：低色温>高色温

表5-66　垂直面照明（T5）的喜好性和商业气氛指标主要实验结论

氛围	分项指标	性别差异		色温与强度的实验结果显著性			色温与强度的主要实验结论
		有无	主要结论	色温与强度交互作用	色温水平	强度水平	
喜好性和商业气氛					√	√	强度：高强度>中强度>低强度 色温：低色温>高色温

表5-67　重点照明（卤素）的喜好性和商业气氛指标主要实验结论

氛围	分项指标	性别差异		强度显著性	强度的主要实验结论
		有无	主要结论		
喜好性和商业气氛				√	强度：高强度>中强度>低强度

　　本次实验关于强度和色温的喜好性，结论与克鲁托夫（Kruithof）曲线较为一致，即在低色温低强度和高色温高强度时，被试的喜好性较强。在实验1和实验2中，因为色温和强度都没有交互作用，因此不论强度如何，被试较为喜好低色温，这意味着被试也应该较为喜好低色温低强度。再者，不论色温如何，被试较为喜好高强度，这意味着被试也应该较为喜好高色温高强度。范·厄普（2008）在一个没有布置家具的空间中通过实验也得出了与本次实验完全相同的结论，这说明这样的结果具有一定的可靠性。关于商业气氛，如果没有特别要求的氛围表达，高色温光源在使用时最好选用高强度，这样

可保证具有一定的商业气氛，而低色温光源无论在哪个强度使用时都受到青睐，使用时要与具体展示的产品特性联系起来，如暖色木质家具在用高强度低色温光源表达氛围时，效果往往适得其反。

关于照明方式的喜好性，范·厄普（2008）等人通过实验都得出一致的结论：相对于均匀亮度分布，被试更喜好非均匀亮度分布。而本次实验却未能得出这样的结论，主要原因是，三种照明方式做单因素配比时，场景的整体亮度较暗，有关喜好性的评价虽显示随着亮度分布非均匀性的增大，得分增高，但方差分析显示其差异性未达到显著水平，这似乎说明了场景的整体亮度必须达到一定水平是被试对照明方式产生喜好倾向的前提条件。

第七节　混合光源照明实验结果与讨论

一、照度和亮度值测定结果讨论

对四种照明条件下测定的场景照度值和亮度值进行Excel统计分析，以照明条件为横坐标，以客观测量值及其比值为纵坐标，得到的关系如图5-23所示。由此可得到如下结果。

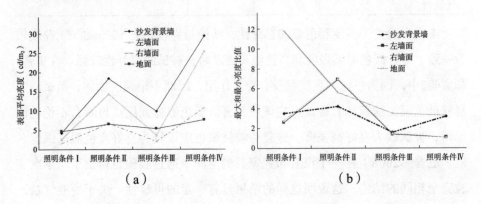

（a）　　　　　　　　　　　　　（b）

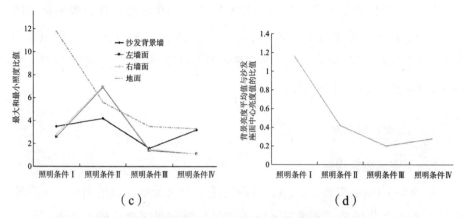

（c）　　　　　　　　　　　　　（d）

图5-23　四种照明条件下场景各个表面测量值之间的关系

注：a.场景各个表面的亮度均值；b.场景各个表面的最大与最小亮度比值；

　　c.场景各个表面的最大与最小照度比值；d.背景亮度与沙发座面中心亮度比值。

由图5-23（a）可以得出：沙发背景墙的表面亮度平均值在照明条件IV下最大，其他依次分别为照明条件II、照明条件III和照明条件I。其他三个表面亮度平均值大小排列顺序也与沙发背景墙相同，说明在照明条件IV下，场景的平均亮度值最大，其他依次为照明条件II、照明条件III和照明条件I。

通过比较图5-23（b）和图5-23（c），可以得出：在四种照明条件下，场景各个表面照度的最大最小比值和亮度的最大最小比值的变化趋势是相同的。对于沙发背景墙而言，照明条件I、照明条件II以及照明条件IV的亮度变化率较大，照明条件III的亮度变化率较小；对于左右墙面而言，亮度变化率最大的为照明条件II，其次为照明条件I，照明条件III和照明条件IV的亮度变化率较小；对于地面的亮度变化率而言，最大为照明条件I，其次为照明条件II，照明条件III和照明条件IV较为接近。这些变化率说明：在照明条件I和照明条件II下，场景整体光分布不均匀，沙发背景墙和沙发区域的亮度较强，其次为照明条件IV（由于沙发背景墙亮度变化率较高），照明条件III的场景光分布较为均匀。

进一步分析背景亮度平均值与沙发座面中心亮度值的比值关系，如图5-23（d）所示，结果显示：除照明条件I外，其余三种照明条件的比值都小于1，说明在照明条件I下，背景亮度平均值与沙发座面中心亮度值的对比度最大，即局部亮度对比度最高。

二、主观评价结果

（一）空间表象指标

从图5-24中可以得知：（a）清晰度随着光强的增加而增大；（b）冷暖感随着光强变化的关系不明显；（c）均匀性随着光强变化的关系不明显；（d）刺激性随着光强变化的关系不明显。

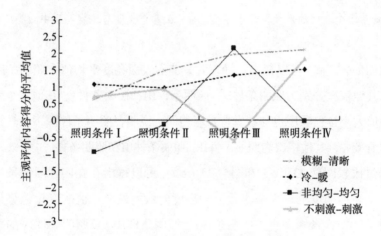

图5-24　混合照明空间表象指标得分统计结果

3（强度）×2（性别）的混合设计方差分析结果显示：在"冷-暖""非均匀-均匀"和"不刺激-刺激"三项评价内容上，男女性别差异都未达显著水平；在"模糊-清晰"评价内容上，男女性别差异达显著水平（P=0.03<0.05）。结果如表5-68所示。

表5-68　四种混合照明条件在"空间表象"上的性别差异显著性结果

评价项目	项目评价值（Mean ± SD）		统计值		
	男性	女性	df	F值	P值
模糊-清晰	1.917 ± 0.234	1.143 ± 0.242	1，27	5.280	0.030
冷-暖	1.167 ± 0.139	1.286 ± 0.144	1，27	0.247	0.623
非均匀-均匀	0.233 ± 0.144	0.268 ± 0.149	1，27	0.028	0.869
不刺激-刺激	0.633 ± 0.164	0.786 ± 0.169	1，27	0.419	0.523

对"模糊-清晰"评价项目的男性和女性的得分平均值进行比较，如表5-69所示，男性平均得分大于女性平均得分，说明男性感知的清晰度要比女性大。

表5-69　男女性别在"清晰度"上的得分描述性统计

性别	人数	平均值	标准误差	95% 置信区间	
				置信下限	置信上限
男性	15	1.917	0.234	1.437	2.397
女性	14	1.143	0.242	0.646	1.640

照明方式相关样本方差分析结果如表5-70所示，可知：四种照明条件在"模糊-清晰""非均匀-均匀"和"不刺激-刺激"评价项目上的得分差异都达到极其显著的水平；在"冷-暖"评价项目上的得分差异则未达显著水平（$P=0.101>0.05$）。

表5-70　四种混合照明条件在"空间表象"上的评价结果与单因素方差分析

评价项目	项目评价值（Mean ± SD）				统计值		
	照明条件I	照明条件II	照明条件III	照明条件IV	df	F值	P值
模糊-清晰	0.620 ± 0.145	1.482 ± 0.203	1.965 ± 0.326	2.103 ± 0.261	1，28	22.01	0.001
冷-暖	1.068 ± 1.282	0.965 ± 1.118	1.344 ± 1.037	1.517 ± 1.191	1，28	2.213	0.103
非均匀-均匀	-0.965 ± 0.617	-0.137 ± 0.529	-0.026 ± 0.635	1.965 ± 0.754	1，28	31.63	0.001
不刺激-刺激	0.689 ± 0.470	0.931 ± 0.450	-0.62 ± 0.354	1.827 ± 0.595	1，28	25.69	0.001

对显著性评价项目进行两两比较，结果分别如表5-71至表5-73所示。

表5-71　强度相关样本在"清晰度"上两两比较的结果

（I）强度	（J）强度	均值差（I-J）	标准误差	显著性水平	95% 置信区间估计值	
					置信下限	置信上限
I	II	−0.862*	0.190	0.001	−1.252	−0.472
	III	−1.345*	0.239	0.001	−1.835	−0.854
	IV	−1.483*	0.266	0.001	−2.027	−0.939
II	I	0.862*	0.190	0.001	0.472	1.252
	III	−0.483*	0.169	0.008	−0.829	−0.136
	IV	−0.621*	0.195	0.004	−1.020	−0.222
III	I	1.345*	0.239	0.001	0.854	1.835
	II	0.483*	0.169	0.008	0.136	0.829
	IV	−0.138	0.119	0.255	−0.381	0.105

由上表可以得知：在清晰度上，照明条件III和照明条件IV无显著性差异，其他各个照明条件两两之间都具有显著性差异。由图5-24比较平均值大小，可知：照明条件IV清晰度最高，其次为照明条件III和照明条件II，最低为照明条件I。

表5-72　强度相关样本在"均匀性"上两两比较的结果

（I）强度	（J）强度	均值差（I-J）	标准误差	显著性水平	95% 置信区间估计值	
					置信下限	置信上限
I	II	−0.828*	0.258	0.003	−1.357	−0.299
	III	−3.103*	0.282	0.001	−3.682	−2.525
	IV	−0.931*	0.412	0.032	−1.775	−0.087
II	I	0.828*	0.258	0.003	0.299	1.357
	III	−2.276*	0.237	0.001	−2.762	−1.789
	IV	−0.103	0.376	0.785	−0.873	0.666

（I）强度	（J）强度	均值差（I-J）	标准误差	显著性水平	95% 置信区间估计值	
					置信下限	置信上限
III	I	3.103*	0.282	0.001	2.525	3.682
	II	2.276*	0.237	0.001	1.789	2.762
	IV	2.172*	0.365	0.001	1.425	2.920

由上表可以得知：在均匀性上，照明条件II和照明条件IV无显著性差异，其他各个照明条件两两之间都具有显著性差异。由图5-24比较平均值大小，可知：照明条件III均匀性最高，其次为照明条件II和照明条件IV，最低为照明条件I，且照明条件IV、II、I都为非均匀水平。

表5-73　强度相关样本在"刺激性"上两两比较的结果

（I）强度	（J）强度	均值差（I-J）	标准误差	显著性水平	95% 置信区间估计值	
					置信下限	置信上限
I	II	−0.241	0.284	0.402	−0.822	0.340
	III	1.310*	0.268	0.001	0.762	1.859
	IV	−1.138*	0.257	0.001	−1.663	−0.612
II	I	0.241	0.284	0.402	−0.340	0.822
	III	1.552*	0.367	0.001	0.801	2.303
	IV	−0.897*	0.213	0.001	−1.332	−0.461
III	I	−1.310*	0.268	0.001	−1.859	−0.762
	II	−1.552*	0.367	0.001	−2.303	−0.801
	IV	−2.448*	0.283	0.001	−3.029	−1.868

由上表可以得知：在刺激性上，照明条件I和照明条件II无显著性差异，其他各个照明条件两两之间都具有显著性差异。由图5-24比较平均值大小，可知：照明条件IV刺激性最强，其次为照明条件II和照明条件I，照明条件III最不刺激。

（二）空间观感指标

从图5-25中可以得知：（a）公共性随着光强的增加而增强；（b）开阔性随着光强的增加而增强；（c）放松感随着光强的增加而升高。

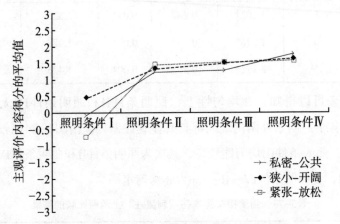

图5-25　混合照明空间观感指标得分统计结果

3（强度）×2（性别）的混合设计方差分析结果显示：在"私密-公共""狭小-开阔"和"紧张-放松"三项评价内容上，性别差异都未达显著水平，结果如表5-74所示。

表5-74　四种混合照明条件在"空间观感"上的性别差异显著性结果

评价项目	项目评价值（Mean ± SD）		统计值		
	男性	女性	df	F值	P值
私密-公共	1.217 ± 0.119	0.893 ± 0.123	1，27	3.598	0.069
狭小-开阔	1.350 ± 0.101	1.125 ± 0.128	1，27	1.598	0.217
紧张-放松	1.050 ± 0.101	0.875 ± 0.104	1，27	2.852	0.103

照明方式相关样本方差分析结果如表5-75所示，可知：四种照明条件在"私密-公共"和"狭小-开阔"评价项目上的得分差异都达到极其显著的水平。

表5-75　四种混合照明条件在"空间观感"上的评价结果与单因素方差分析

评价项目	项目评价值（Mean ± SD）				统计值		
	照明条件I	照明条件II	照明条件III	照明条件IV	df	F值	P值
私密-公共	−0.068 ± 0.485	1.241 ± 0.643	1.276 ± 0.542	1.792 ± 0.589	1, 28	24.03	0.001
狭小-开阔	0.448 ± 0.617	1.344 ± 0.529	1.517 ± 0.635	1.655 ± 0.754	1, 28	14.04	0.001
紧张-放松	−0.724 ± 0.470	1.482 ± 0.450	1.517 ± 0.354	1.586 ± 0.595	1, 28	0.395	0.757

对存在显著性差异的评价项目进一步两两比较，结果分别如表5-76和表5-77所示。

表5-76　强度相关样本在"公共性"上两两比较的结果

（I）强度	（J）强度	均值差（I-J）	标准误差	显著性水平	95% 置信区间估计值	
					置信下限	置信上限
I	II	−1.310*	0.258	0.001	−1.840	−0.781
	III	−1.345*	0.264	0.001	−1.885	−0.804
	IV	−1.862*	0.275	0.001	−2.426	−1.299
II	I	1.310*	0.258	0.001	0.781	1.840
	III	−0.034	0.201	0.865	−0.447	0.378
	IV	−0.552*	0.161	0.002	−0.882	−0.221
III	I	1.345*	0.264	0.001	0.804	1.885
	II	0.034	0.201	0.865	−0.378	0.447
	IV	−0.517*	0.190	0.011	−0.906	−0.129

由上表可以得知：在公共性上，照明条件II和照明条件III无显著性差异，其他各个照明条件两两之间都具有显著性差异。由图5-25比较平均值大小，可知：照明条件IV公共性最强，其次为照明条件II和照明条件III，照明条件I私密性最强。

表5-77　强度相关样本在"开阔性"上两两比较的结果

（I）强度	（J）强度	均值差（I-J）	标准误差	显著性水平	95% 置信区间估计值	
					置信下限	置信上限
I	II	−0.897*	0.213	0.001	−1.332	−0.461
	III	−1.069*	0.210	0.001	−1.499	−0.638
	IV	−1.207*	0.255	0.001	−1.729	−0.685
II	I	0.897*	0.213	0.001	0.461	1.332
	III	−0.172	0.172	0.326	−0.526	0.181
	IV	−0.310	0.158	0.059	−0.633	0.013
III	I	1.069*	0.210	0.001	0.638	1.499
	II	0.172	0.172	0.326	−0.181	0.526
	IV	−0.138	0.209	0.515	−0.566	0.290

　　由上表可以得知：在开阔性上，照明条件I分别与照明条件II、照明条件III以及照明条件IV之间有显著性差异，其他各个照明条件两两之间都无显著性差异。由图5-25比较平均值大小，可知：照明条件II、照明条件III及照明条件IV开阔性较强，照明条件I开阔性最弱。

（三）喜好性指标

　　从图5-26中可以得知：美丽感、愉悦感及吸引力随着光强度变化的趋势不明显。

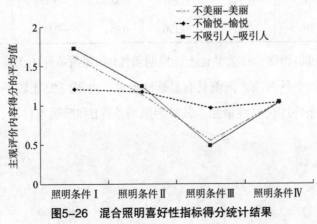

图5-26　混合照明喜好性指标得分统计结果

3（强度）×2（性别）的混合设计方差分析结果显示：在"不美丽－美丽"和"不愉悦－愉悦"评价项目上，性别差异都未达显著水平；在"不吸引人－吸引人"评价项目上，性别差异达显著水平（P=0.042<0.05）。结果如表5-78所示。

表5-78　四种混合照明条件在"喜好性"上的性别差异显著性结果

评价项目	项目评价值（Mean ± SD）		统计值		
	男性	女性	df	F值	P值
不美丽－美丽	1.350 ± 0.124	1.125 ± 0.128	1，27	0.16	0.90
不愉悦－愉悦	1.050 ± 0.101	0.875 ± 0.104	1，27	3.434	0.075
不吸引人－吸引人	0.350 ± 0.169	0.125 ± 0.175	1，27	4.551	0.042

对"不吸引人－吸引人"评价项目的男性和女性的得分平均值进行比较，如表5-79所示，男性平均得分大于女性平均得分，说明男性感知的吸引力要比女性大。

表5-79　男女性别在"吸引力"上的得分描述性统计

性别	人数	平均值	标准误差	95% 置信区间	
				置信下限	置信上限
男性	15	1.350	0.155	1.033	1.667
女性	14	0.875	0.160	0.546	1.204

照明方式相关样本方差分析结果如表5-80所示，可知：四种照明条件在"不美丽－美丽"和"不吸引人－吸引人"评价项目上的得分差异达显著水平，在"不愉悦－愉悦"评价项目上的得分差异未达显著水平。

表5-80　四种混合照明条件在"喜好性"上的评价结果与单因素方差分析

评价项目	项目评价值（Mean ± SD）				统计值		
	照明条件I	照明条件II	照明条件III	照明条件IV	df	F值	P值
不美丽－美丽	1.760 ± 0.145	1.120 ± 0.203	0.360 ± 0.326	1.000 ± 0.231	3，22	9.281	0.001
不愉悦－愉悦	1.240 ± 1.362	1.200 ± 1.118	1.080 ± 1.037	1.120 ± 1.301	3，22	0.246	0.864

评价项目	项目评价值（Mean ± SD）				统计值		
	照明条件I	照明条件II	照明条件III	照明条件IV	df	F值	P值
不吸引人-吸引人	1.840 ± 0.197	1.320 ± 0.180	0.640 ± 0.230	1.200 ± 0.200	3, 22	5.458	0.002

对显著性评价项目进行两两比较，结果如表5-81和表5-82所示。

表5-81　强度相关样本在"美丽感"上两两比较的结果

（I）强度	（J）强度	均值差（I-J）	标准误差	显著性水平	95% 置信区间估计值	
					置信下限	置信上限
I	II	0.552*	0.251	0.036	0.037	1.066
	III	1.138*	0.297	0.001	0.530	1.746
	IV	0.655*	0.269	0.021	0.105	1.205
II	I	−0.552*	0.251	0.036	−1.066	−0.037
	III	0.586*	0.256	0.030	0.063	1.110
	IV	0.103	0.282	0.717	−0.475	0.682
III	I	−1.138*	0.297	0.001	−1.746	−0.530
	II	−0.586*	0.256	0.030	−1.110	−0.063
	IV	−0.483	0.335	0.161	−1.169	0.204

表5-82　强度相关样本在"吸引力"上两两比较的结果

（I）强度	（J）强度	均值差（I-J）	标准误差	显著性水平	95% 置信区间估计值	
					置信下限	置信上限
I	II	0.483	0.308	0.129	−0.149	1.115
	III	1.241*	0.320	0.001	0.585	1.898
	IV	0.690*	0.272	0.017	0.132	1.247
II	I	−0.483	0.308	0.129	−1.115	0.149
	III	0.759*	0.261	0.007	0.224	1.293
	IV	0.207	0.323	0.527	−0.455	0.869

续表

（I）强度	（J）强度	均值差（I-J）	标准误差	显著性水平	95% 置信区间估计值	
					置信下限	置信上限
III	I	−1.241*	0.320	0.001	−1.898	−0.585
	II	−0.759*	0.261	0.007	−1.293	−0.224
	IV	−0.552	0.370	0.147	−1.310	0.206

由表5-81可以得知：在美丽感上，照明条件II和照明条件IV之间的得分差异未达显著水平，其他各个照明条件两两之间都具有显著性差异。由图5-26比较平均值大小，可知：照明条件I美丽感最强，其次为照明条件II和照明条件IV，照明条件III美丽感最差。

由表5-82可以得知：在吸引力上，照明条件I与照明条件II、照明条件II与照明条件IV之间无显著性差异，其他各个照明条件两两之间都有显著性差异。由图5-26比较平均值大小，可知：照明条件I吸引力最强，其次为照明条件II，再次为照明条件IV，照明条件III吸引力最低。

（四）商业气氛指标

从图5-27中可以得知：（a）生动感随着光强变化的关系不明显；（b）购买欲随着光强变化的关系不明显；（c）昂贵感随着光强变化的关系不明显。

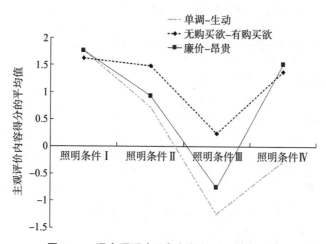

图5-27　混合照明商业气氛指标得分统计结果

3（强度）×2（性别）的混合设计方差分析结果显示：在"单调-生动""无购买欲-有购买欲"和"廉价-昂贵"三项评价内容上，性别差异都未达显著水平，如表5-83所示。

表5-83　四种混合照明条件在"商业气氛"上的性别差异显著性结果

评价项目	项目评价值（Mean ± SD）		统计值		
	男性	女性	df	F值	P值
单调-生动	1.917 ± 0.234	1.143 ± 0.242	1, 27	2.331	0.138
无购买欲-有购买欲	0.700 ± 0.132	−0.804 ± 0.137	1, 27	0.001	0.982
廉价-昂贵	0.633 ± 0.164	0.786 ± 0.169	1, 27	2.392	0.134

照明方式相关样本方差分析结果如表5-84所示，可知：四种照明条件在"单调-生动""无购买欲-有购买欲"和"廉价-昂贵"评价项目上的得分差异都达到极其显著的水平。

表5-84　四种混合照明条件在"商业气氛"上的评价结果与单因素方差分析

评价项目	项目评价值（Mean ± SD）				统计值		
	照明条件I	照明条件II	照明条件III	照明条件IV	df	F值	P值
单调-生动	1.758 ± 0.382	0.724 ± 0.267	−1.24 ± 0.318	−0.275 ± 0.264	1, 28	36.10	0.001
无购买欲-有购买欲	1.620 ± 0.527	1.482 ± 0.439	0.241 ± 2.825	1.379 ± 3.614	1, 28	10.91	0.001
廉价-昂贵	1.758 ± 0.482	0.931 ± 0.392	−0.758 ± 0.424	1.517 ± 0.279	1, 28	35.28	0.001

对显著性评价项目进行两两比较，结果分别如表5-85至表5-87所示。

表5-85　强度相关样本在"生动感"上两两比较的结果

（I）强度	（J）强度	均值差（I-J）	标准误差	显著性水平	95% 置信区间估计值	
					置信下限	置信上限
I	II	1.034*	0.195	0.001	0.634	1.434
	III	3.000*	0.272	0.001	2.443	3.557
	IV	2.034*	0.320	0.001	1.380	2.689

续表

（I）强度	（J）强度	均值差（I-J）	标准误差	显著性水平	95% 置信区间估计值	
					置信下限	置信上限
II	I	−1.034*	0.195	0.001	−1.434	−0.634
	III	1.966*	0.323	0.001	1.303	2.628
	IV	1.000*	0.365	0.011	0.253	1.747
III	I	−3.000*	0.272	0.001	−3.557	−2.443
	II	−1.966*	0.323	0.001	−2.628	−1.303
	IV	−0.966*	0.320	0.005	−1.620	−0.311

由上表可以得知：在生动性上，四种照明条件两两之间都具有显著性差异。由图5-27比较平均值大小，可知：照明条件I生动性最强，其次为照明条件II，再次为照明条件IV，而照明条件III单调性最强。

表5-86　强度相关样本在"购买欲"上两两比较的结果

（I）强度	（J）强度	均值差（I-J）	标准误差	显著性水平	95% 置信区间估计值	
					置信下限	置信上限
I	II	0.138	0.305	0.654	−0.486	0.762
	III	1.379*	0.195	0.001	0.980	1.778
	IV	0.241	0.214	0.270	−0.198	0.680
II	I	−0.138	0.305	0.654	−0.762	0.486
	III	1.241*	0.332	0.001	0.562	1.921
	IV	0.103	0.287	0.721	−0.484	0.690
III	I	−1.379*	0.195	0.001	−1.778	−0.980
	II	−1.241*	0.332	0.001	−1.921	−0.562
	IV	−1.138*	0.271	0.001	−1.692	−0.584

由上表可以得知：在购买欲上，照明条件I与照明条件III、照明条件II与照明条件III、照明条件III与照明条件IV之间有显著性差异，其他各个照明条

件两两之间都无显著性差异。由图5-27比较平均值大小，可知：相对于照明条件Ⅲ，照明条件Ⅰ、照明条件Ⅱ及照明条件Ⅳ购买欲较强。

表5-87 强度相关样本在"昂贵感"上两两比较的结果

（I）强度	（J）强度	均值差（I-J）	标准误差	显著性水平	95% 置信区间估计值	
					置信下限	置信上限
I	II	0.828*	0.205	0.001	0.408	1.248
	III	2.517*	0.292	0.001	1.919	3.115
	IV	0.241	0.241	0.326	−0.253	0.736
II	I	−0.828*	0.205	0.001	−1.248	−0.408
	III	1.690*	0.254	0.001	1.170	2.209
	IV	−0.586	0.292	0.054	−1.183	0.011
III	I	−2.517*	0.292	0.001	−3.115	−1.919
	II	−1.690*	0.254	0.001	−2.209	−1.170
	IV	−2.276*	0.321	0.001	−2.934	−1.618

由上表可以得知：在昂贵感上，照明条件Ⅰ与照明条件Ⅳ之间无显著性差异，其他各个照明条件两两之间都有显著性差异。由图5-27比较平均值大小，可知：照明条件Ⅰ和照明条件Ⅳ昂贵感较强，其次为照明条件Ⅱ，而照明条件Ⅲ廉价感较强。

三、分析与讨论

本章第七节对客观测定照度值和亮度值进行统计分析，综合分析结果得到三个客观测量分析值：场景整体亮度水平、场景整体亮度分布以及背景平均亮度与沙发座面中心亮度的比值（以下表中简称对比度），将它们与主观评价值进行对比分析，结果见表5-88至表5-91。其中，将四种照明条件下场景亮度水平按大小依次表述为最亮、亮、暗、最暗，亮度分布则用均匀和不均匀表示，对比度按测定统计结果以数值表达。

（一）空间表象

表5-88　主客观值对比分析（空间表象）

空间表象指标	照明条件	客观测量分析值			显著性结果（主观评价得分均值）
		亮度	亮度分布	对比度	
模糊-清晰	I	最暗	不均匀	1.16	清晰度较低（0.620）
	II	暗	不均匀	0.42	清晰度较高（1.482）
	III	亮	均匀	0.2	清晰度较高（1.96）
	IV	最亮	不均匀	0.3	清晰度最高（2.103）
非均匀-均匀	I	最暗	不均匀	1.16	不均匀（−0.965）
	II	暗	不均匀	0.42	不均匀（−0.137）
	III	亮	均匀	0.2	均匀性高（2.137）
	IV	最亮	不均匀	0.3	不均匀（−0.032）
不刺激-刺激	I	最暗	不均匀	1.16	刺激性较大（0.689）
	II	暗	不均匀	0.42	刺激性较大（0.931）
	III	亮	均匀	0.2	不刺激（−0.62）
	IV	最亮	不均匀	0.3	刺激性最大（1.827）

由上表可知：

1. 清晰度的主观评价与整体亮度水平有一定的对应关系。当整体最亮时，清晰度最高；随着场景亮度水平逐步变暗，清晰度逐步降低，但照明条件III和IV无显著性差异。

2. 均匀性的主观评价与客观测量分析的亮度分布有一定的对应关系。照明条件I、II和IV的测量统计结果为不均匀，主观评价结果与实际测量结果保持一致。

3. 刺激性与整体亮度水平和亮度分布都有一定关系。当整体亮度分布不均匀时，照明条件I、II和IV的刺激性大于整体亮度分布均匀的照明条件III；在整体亮度分布不均匀的前提下，整体亮度水平越高，刺激性越大，即照明条件IV的刺激性大于照明条件II和照明条件I，照明条件I和照明条件II的刺激性水平无显著性差异。由以上分析可知，影响刺激性的主要因素是整体亮度分布的均匀性，其次是整体亮度水平。这个结论对于商业环境的照明设计具有很大的参考价值，要保证商业展示空间整体光环境具有一定的刺激性，达到吸引顾客的目的，首先必须考虑店面整体亮度分布不均匀，其次考虑整体亮度水平。如果一味地提高亮度水平，则只会导致光能浪费和"视觉污染"。

综上所述，清晰度与场景整体亮度水平有关，亮度水平越高则清晰度越高；均匀性与客观测量分析值有关，场景客观亮度分布不均匀，则被试评价的亮度分布也不均匀；刺激性与整体亮度水平和亮度分布有关，在亮度分布不均匀的前提下，亮度水平越高则刺激性越大。

（二）空间观感

表5-89　主客观值对比分析（空间观感）

空间观感指标	照明条件	客观测量分析值			显著性结果（主观评价得分均值）
		亮度	亮度分布	对比度	
私密-公共	I	最暗	不均匀	1.16	私密性较强（-0.068）
	II	暗	不均匀	0.42	公共性较强（1.241）
	III	亮	均匀	0.2	公共性较强（1.276）
	IV	最亮	不均匀	0.3	公共性最强（1.792）
狭小-开阔	I	最暗	不均匀	1.16	开阔性较小（0.448）
	II	暗	不均匀	0.42	开阔性较大（1.344）
	III	亮	均匀	0.2	开阔性较大（1.517）
	IV	最亮	不均匀	0.3	开阔性最大（1.655）

由上表可知：公共性、开阔性与场景整体亮度水平有一定的对应关系。场景整体亮度越大，则公共性越强、开阔性越大；整体亮度越小，则私密性越强、开阔性越小。

（三）喜好性

表5-90　主客观值对比分析（喜好性）

喜好性指标	照明条件	客观测量分析值			显著性结果（主观评价得分均值）
		亮度	亮度分布	对比度	
不美丽-美丽	I	最暗	不均匀	1.16	美丽感最强（1.760）
	II	暗	不均匀	0.42	美丽感较强（1.120）
	III	亮	均匀	0.2	美丽感较弱（0.360）
	IV	最亮	不均匀	0.3	美丽感较强（1.000）
不吸引人-吸引人	I	最暗	不均匀	1.16	吸引力最强（1.840）
	II	暗	不均匀	0.42	吸引力较强（1.320）
	III	亮	均匀	0.2	吸引力较弱（0.640）
	IV	最亮	不均匀	0.3	吸引力较强（1.200）

由上表可知：

1. 美丽感与整体亮度分布和局部亮度对比度有一定关系。当亮度分布不均匀时，如照明条件I、II和IV，美丽感较强，而当亮度分布均匀时，美丽感较弱，如照明条件III；随着局部亮度对比度的增大，即重点照明系数的增大，美丽感逐步增强。

2. 吸引力与整体亮度分布和局部亮度对比度有一定关系。随着重点照明系数的降低，吸引力不断降低；当整体亮度分布均匀时，照明条件III的场景几乎没有吸引力；当亮度分布不均匀时，照明条件I的重点照明系数最大，吸引力最强。

综上所述，在混合照明条件下，整体亮度分布不均匀，且局部重点照明系数越大，空间的美丽感和吸引力越强。

（四）商业气氛

表5-91 主客观值对比分析（商业气氛）

商业气氛指标	照明条件	客观测量分析值			显著性结果（主观评价得分均值）
		亮度	亮度分布	对比度	
单调-生动	I	最暗	不均匀	1.16	生动感强（1.758）
	II	暗	不均匀	0.42	生动感弱（0.724）
	III	亮	均匀	0.2	单调感强（-1.24）
	IV	最亮	不均匀	0.3	单调感弱（-0.275）
无购买欲-有购买欲	I	最暗	不均匀	1.16	购买欲最强（1.620）
	II	暗	不均匀	0.42	购买欲较强（1.482）
	III	亮	均匀	0.2	购买欲较弱（0.241）
	IV	最亮	不均匀	0.3	购买欲较强（1.379）
廉价-昂贵	I	最暗	不均匀	1.16	昂贵感最强（1.758）
	II	暗	不均匀	0.42	昂贵感较强（0.931）
	III	亮	均匀	0.2	廉价感较强（-0.758）
	IV	最亮	不均匀	0.3	昂贵感较强（1.517）

由上表可知：

1. 生动感与局部亮度对比度有一定的对应关系。当背景与沙发的亮度对比度较大，即重点照明系数大于1时，生动感最强（如照明条件I）；当重点照明系数小于1时，则空间氛围比较单调或生动感较弱（如照明条件II、III和IV）。生动感与场景亮度水平和亮度分布无对应关系。

2. 购买欲与整体亮度分布和局部亮度对比度有一定的对应关系。当整体亮度分布不均匀时，购买欲较强，且照明条件I、照明条件II和照明条件IV之间无显著性差异；当整体亮度分布均匀时，被试购买欲较弱，接近于无购买欲（如照明条件Ⅲ）。当局部亮度对比度即重点照明系数逐步增大时，购买欲逐步增强，但不论重点照明系数大于1或小于1，都对购买欲无显著影响，如照明条件Ⅰ和照明条件Ⅱ时，虽然重点照明系数差异很大，但购买欲主观评价得分均值之间并无显著性差异。

3. 昂贵感与整体亮度分布有一定关系。当亮度分布不均匀时，空间氛围显得较为昂贵；当亮度分布均匀时，显得较为廉价，如照明条件Ⅲ。在亮度分布不均匀的前提下，局部亮度对比度越大，重点照明系数越大，则空间氛围昂贵感越强，但照明条件Ⅰ和照明条件Ⅳ得分均值无显著性差异。这说明整体亮度水平和局部亮度对比度对昂贵感有一定影响，当亮度水平较高或局部亮度对比度较大时，昂贵感较强。

综上所述，生动感只与局部亮度对比度有关，重点照明系数越大，空间氛围越生动。购买欲则与整体亮度分布和局部亮度对比度都有关系，且整体亮度分布是前提条件，当亮度分布不均匀时购买欲较强，当亮度分布均匀时购买欲较弱，但购买欲与局部亮度对比度关系不显著。昂贵感与整体亮度分布有关，亮度分布越不均匀，空间氛围昂贵感越强，当亮度分布均匀时则显得较为廉价，另外整体亮度水平较高和局部亮度对比度较高时，空间氛围也显得较为昂贵。

第八节　单一照明和混合照明实验结果综合讨论

将单一照明和混合照明的实验结果分析结论综合在一起，如表5-92所示。

表5-92　单一照明和混合照明条件下积极氛围评价对强度和色温的要求

氛围	分项指标	积极氛围	单一光源			混合光源
			环境照明（T8）	垂直面照明（T5）	重点照明（卤素）	
空间表象	模糊-清晰	清晰	高强度	高色温高强度	高强度	整体亮度水平高
	冷-暖	暖	高强度低色温	高强度低色温	高强度	关系不明显
		冷	高强度高色温	高强度高色温	低强度	关系不明显
	非均匀-均匀	均匀	高强度	高强度	高强度	关系不明显
		非均匀	低强度	低强度	低强度	关系不明显
	不刺激-刺激	刺激	中高强度低色温或者高强度高色温	高强度高色温	高强度	在整体亮度分布不均匀的前提下提高整体亮度水平
空间观感	私密-公共	公共	高强度	高强度高色温	高强度低色温	提高整体亮度水平
		私密	低强度	低强度	低强度	降低整体亮度水平
	狭小-开阔	开阔	高强度高色温	高强度高色温	高强度	提高整体亮度水平
喜好性	不美丽-美丽	美丽	高强度低色温	高强度低色温	高强度低色温	整体亮度分布不均匀、增加局部亮度对比度
	不愉悦-愉悦	愉悦	高强度低色温	高强度低色温	高强度低色温	关系不明显
	不吸引人-吸引人	吸引人	高强度低色温	高强度低色温	高强度低色温	整体亮度分布不均匀、增加局部亮度对比度

续表

氛围	分项指标	积极氛围	单一光源			混合光源
			环境照明（T8）	垂直面照明（T5）	重点照明（卤素）	
商业气氛	单调-生动	生动	高强度低色温	高强度低色温	高强度低色温	增加局部亮度对比度
	无购买欲-有购买欲	有购买欲	高强度低色温	高强度低色温	高强度低色温	整体亮度分布不均匀
	廉价-昂贵	昂贵	高强度低色温	高强度低色温	高强度低色温	整体亮度分布不均匀、提高整体亮度水平或增加局部亮度对比度

上表中列出了"积极氛围"（指家具商业展示空间在销售过程中需要表达的环境氛围）评价对强度和色温的相应要求。总的来说，在氛围的四个评价指标中，就各项评价内容而言，"空间表象"和"空间观感"指标的评价结果差异性较大，而"喜好性"与"商业气氛"指标的评价相关程度较高，但也有细微差异。综合考虑单一照明和混合照明结果，得出结论如下：

1. 清晰度与环境的整体亮度水平有关，当亮度水平较高时较为清晰。

2. 冷暖感评价结果分为环境低亮度水平和高亮度水平两种情况。对于低亮度水平，冷暖感既与强度有关又与色温有关，具体表现为：在低色温时，环境越亮，被试感觉越暖；在高色温时，环境照明（T8）在低强度和高强度时感觉最冷，垂直面照明（T5）则在高强度时感觉最冷。对于高亮度水平，随着环境亮度的逐步升高（直至达到混合照明状态），冷暖感的差异和强度无显著关系。总的来说，冷暖感在空间低亮度水平时，强度越大则越冷（或越暖）；当空间亮度达到一定水平后，冷暖感则与强度无关，只与色温有关。

3. 均匀性在单一照明时，与强度有关，整体亮度水平越高则均匀性越好；在混合照明时，均匀性则与各个光源的亮度有关，当亮度水平相同且光源布置位置合适时，均匀性较好。

4. 刺激性与色温、整体亮度分布和亮度水平有关，总的来说，在亮度分布不均匀、高色温高亮度水平时，刺激性较强。

5. 公共性和开阔性与整体亮度水平和亮度分布有关。提高整体亮度水平可以增加空间的公共性和开阔性，反之则增加空间的私密性；在照明方式上，环境照明有利于增加空间的公共性和开阔性，重点照明有利于增加空间的私密性；在亮度分布均匀时，空间的公共性、开阔性强；在亮度分布不均匀时，则私密性强。

6. 美丽感和吸引力评价结果在强度方面分为两种情况：在低亮度水平时，与强度水平有关，整体亮度水平越高，美丽感和吸引力越强；在高亮度水平（即混合照明）时，与整体亮度分布和局部亮度对比度有关，整体亮度分布不均匀且局部重点照明系数越大，则美丽感和吸引力越强。在色温方面，当低色温时，美丽感和吸引力较强。

7. 购买欲评价结果在强度方面分为两种情况：在低亮度水平时，与强度水平有关，整体亮度水平越高，购买欲越强；在高亮度水平（即混合照明）时，只与整体亮度分布有关，当亮度分布不均匀时，购买欲较强。在色温方面，当低色温时，购买欲较强。

8. 生动感评价结果在强度方面分为两种情况：在低亮度水平时，与强度水平有关，整体亮度水平越高，生动感越强；在高亮度水平（即混合照明）时，只与局部亮度对比度有关，重点照明系数越大，则生动感越强。在色温方面，当低色温时，生动感较强。

9. 昂贵感评价结果在强度方面分为两种情况：在低亮度水平时，与强度水平有关，整体亮度水平越高，昂贵感越强；在高亮度水平（即混合照明）时，与亮度水平、亮度分布、局部亮度对比度都有一定关系，当亮度分布不均匀时，亮度水平越高，局部亮度对比度越大，则空间氛围昂贵感越强。在色温方面，当低色温时，昂贵感较强。

10. 愉悦感评价结果在强度方面分为两种情况：在低亮度水平时，整体亮度水平越高，愉悦感越强。当环境整体亮度达到一定水平后，愉悦感与亮度和色温无显著性差异。在色温方面，当低色温时，愉悦感较强。

　　总的来说，当单一光源照明场景时，氛围的各项指标都随着调节强度的增大而变化，高强度低色温能满足商业气氛和人们喜好性的基本需求。当场景由三种光源共同照明时，整体亮度在达到一定水平后，对各项指标的作用效果不显著（这验证了第二章中的视觉载荷理论，即视觉过载后，可能忽略刺激作用的存在），进而需要关注空间亮度分布及亮度对比度。这就是单一光源照明和混合光源照明效果的主要差别所在，即混合照明更加注重光源之间的关系，如亮度分布、亮度对比度、整体亮度水平等。本次实验的主观评价结论与第四章中的市场调研因子分析结论相一致。

本章小结

　　本章针对照明的三大因素：照明方式、强度（亮度）和色温，通过实验展开对模拟家具商业展示空间光环境氛围的研究，实验结果证明：照明方式、色温和强度的差异对光环境氛围感知有着重要影响，且随着照明方式的不同，强度和色温对氛围的影响也不尽相同；性别差异对氛围感知的影响程度差异不大。具体表现如下。

　　（一）就照明方式而言

　　在相同条件下，环境照明（T8）所表现的空间氛围比较清晰和均匀，且具有较强的公共性和开阔性；垂直面照明（T5）也能创造一个非均匀且开阔的视觉环境；重点照明（卤素）的空间氛围则更具有刺激性和私密性，能够表现较强的昂贵感。

　　（二）就光源的强度和色温因素而言

　　1. 清晰度与环境的整体亮度水平有关，当亮度水平较高时空间氛围较为清晰，与色温之间无显著关系（P<0.05）。

　　2. 冷暖感评价结果分为环境低亮度水平和高亮度水平两种情况。在低亮度水平时，冷暖感既与强度有关又与色温有关，具体表现为：当低色温时，环境越亮，被试感觉越暖；当高色温时，环境照明（T8）在低强度和高强度水平时感觉较冷，垂直面照明（T5）则在高强度水平时感觉较冷。在高亮度水平（即混合照明）时，冷暖感与强度无显著关系（P<0.05）。

3. 均匀性在单一照明时，与亮度水平有关，亮度水平越高则均匀性越好；在混合照明时，则与各个光源的亮度有关，当它们的亮度水平相同时，均匀性较好（在光源布置位置合理的情况下）。均匀性与色温无显著关系（P<0.05）。

4. 刺激性与色温、整体亮度分布和亮度水平有关。总的来说，在亮度分布不均匀、高色温高亮度水平时，刺激性较强。

5. 公共性和开阔性与整体亮度水平和亮度分布有关。提高整体亮度水平可以增加空间的公共性和开阔性，反之则增加空间的私密性；在照明方式上，环境照明有利于增加空间的公共性和开阔性，重点照明有利于增加空间的私密性；在亮度分布均匀时，空间的公共性、开阔性强；在亮度分布不均匀时，则私密性强。

6. 喜好性和商业气氛与色温有关，在低色温时，被试感知的喜好性较强，商业气氛较好。

7. 美丽感和吸引力评价结果在低亮度水平时，与强度水平有关，整体亮度水平越高，美丽感和吸引力越强；在高亮度水平（即混合照明）时，与整体亮度分布和局部亮度对比度有关，整体亮度分布不均匀且局部重点照明系数越大，则美丽感和吸引力越强。

8. 购买欲评价结果在低亮度水平时，与强度水平有关，整体亮度水平越高，购买欲越强；在高亮度水平（即混合照明）时，只与整体亮度分布有关，当亮度分布不均匀时，购买欲较强。

9. 生动感评价结果在低亮度水平时，与强度水平有关，整体亮度水平越高，生动感越强；在高亮度水平（即混合照明）时，只与局部亮度对比度有关，重点照明系数越大，则生动感越强。

10. 昂贵感评价结果在低亮度水平时，与强度水平有关，整体亮度水平越高，昂贵感越强；在高亮度水平（即混合照明）时，与亮度水平、亮度分布、局部亮度对比度都有一定关系，当亮度分布不均匀时，亮度水平越高，局部亮度对比度越大，则空间氛围昂贵感越强。

11. 愉悦感评价结果在低亮度水平时，亮度水平越高，愉悦感越强。当环境整体亮度达到一定水平后，愉悦感与亮度和色温无显著关系（P<0.05）。

（三）就性别差异而言

在环境照明（T8）和垂直面照明（T5）时，男性在生动感方面都要强于女性。

在环境照明（T8）时，女性对温度的感知要比男性暖，女性对光分布的感知要比男性均匀。

第六章　营造良好氛围的家具商业
展示空间照明设计方法 ≫

第一节　四角照明理论

在商业照明设计的理论中，比较基本的方法是由飞利浦公司提出的四角照明理论（four-corner Philosophy）[①]。根据该理论，可以从四个方面来定位零售店：商品价格、商店形象、商品种类和销售方式。这四个方面的相互关系被描述成一个方形，如图6-1所示。

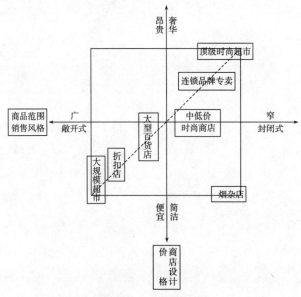

图6-1　四角照明理论

---

① 陆燕，姚梦明.商店照明［M］.上海：复旦大学出版社，2004.

四角照明理论将商店形象、商品价格、商品种类和销售方式有效地结合起来。该模型中一共有7种不同定位的商店，对每种商店都给出了对应的照明设计标准和建议。商家或者设计师根据要建商店在模型中的定位，就可以找到相应的照明设计方法。总的来说，大多数商店都可以在此模型中找到位置，但也有特殊情况，如商品种类繁多又需要个性化服务的商店，就不能在图中找到定位。因此，根据四角照明理论给出照明设计方法也有一定局限性。

第二节　"氛围量化"照明设计方法的提出

杨公侠提出，视觉环境的非量化设计是基于视觉品质的要求，具体而言有两点，一是有利于视觉作业功效，二是有利于创造合适的视觉环境。他据此提出了非量化研究的理论框架[①]，如图6-2所示。该研究从空间活动开始，通过被试对整体空间的视体验，对视觉环境做出主观评价，进而对空间的视知觉做详细研究。该研究涉及建筑功能、社会心理及照明技术等问题，从而彻底地摆脱以照明计算为中心的设计和研究方式。

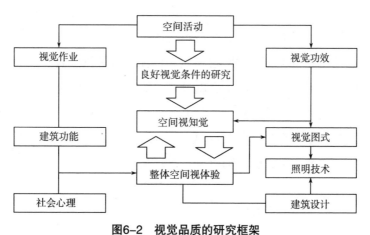

图6-2　视觉品质的研究框架

① 杨公侠.视觉环境的非量化概念［J］.光源与照明，1999（1）：6-9.

　　随后他列举出针对视觉质量和品质研究的主观因素（如图6-3所示），包括愉快感、视觉清晰度、空间感、私密性、变化、空间复杂性、组织及放松等诸多视知觉方面，即视觉环境的非量化方面。这与范·厄普将氛围分为气氛、喜好、空间气氛、联想等诸多非量化因素有一定的关联性。[①]如何将这些非量化主观评价指标反馈给设计者，对于设计实践显得尤为重要。

图6-3　视觉品质的研究重点

　　在第四章第一节中，笔者进行了大量的实地测试和问卷调研，就照度水平、亮度分布、照明方式、色温以及亮度对比度等五个方面进行了详细的分析，总结出这五个因素对家具商业展示空间氛围的影响。接着在第四章第二节中，对家具商业展示空间的照明和视觉特征因素进行主观评价，并对评价结果进行因子分析，进而得出了亮度分布、亮度对比度、亮度水平、整体光色等视觉特征因子的贡献率较大。第五章的实验研究部分，通过选择不同的照明方式以及改变光源的强度和色温，从而达到改变整体亮度水平、亮度分布、亮度对比度等视知觉特征的目的，进而改变被试对环境氛围的主观评价结果。

---

　　① Van Erp T A M. The effects of lighting characteristics on atmosphere perception［D］. Eindhoven，The Netherlands：Eindhoven University of Technology，2008：29-33.

综上所述，环境氛围的营造是可以通过量化因素的改变而实现的，如改变照度、亮度、色温等，这就使氛围等非量化指标间接转化成量化指标成为可能。于是，笔者提出了全新的家具商业展示空间照明设计方法："氛围量化"照明设计方法，具体过程如图6-4所示。通过这种量化转换，可以将非量化的氛围指标转化为量化的照明因素指标。其创新意义在于：我们可以根据家具商业展示空间的商业特征得出所需的不同氛围，进而得出相应的视知觉特征，然后通过不同灯具及它们的照明因素来配比视知觉特征，从而完成一个完整的照明设计过程。"氛围量化"设计方法对照明设计的四角照明理论形成有力补充，而且更加注重人的心理感受。

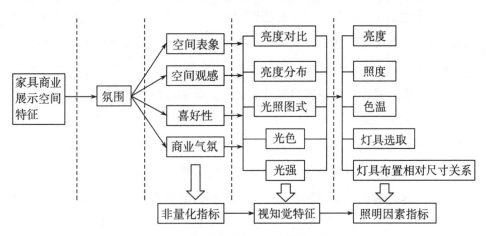

图6-4　氛围非量化指标的量化过程

第三节　实现途径

一、家具商业展示空间的商业特征和环境氛围的转化

家具商业展示空间的商业特征主要包含四个方面：商品价格、商店形象、商品种类和销售方式。本次研究的对象是中高端家具商业展示空间，商品价格定位适中偏向昂贵；在商店形象上既要考虑到亲和力，又要能表现独特之处；商品种类大多是家具产品，主要包括民用家具和办公家具，其中的民用家具，按照空间性质的不同，划分为客厅家具、卧室家具、书房家具等；在销售方式上，以顾客自助或者销售人员跟踪服务为主。总的来说，商业特征的四个方面是相互关联的，商品种类和价格定位是基础，商店形象和销售方式则是辅助，即商品的性质和价位决定了店面所需要的形象和销售方式。这就是说基于对商品种类和价格定位的分析，可以得出所需环境氛围要求。对于家具商业展示空间而言，无论所销售的家具属于什么风格，根据其适用场所性质，可以将其划分为：公共性家具、半公共性家具以及私密性家具。图6-5描述了不同性质的家具和价格定位之间的关系，横轴所表示的家具性质与氛围中的空间表象和空间观感相对应，而纵轴所表示的价格定位则与商业气氛和喜好性相对应，两者结合决定了家具商业展示空间的环境氛围要求。例如昂贵的客厅家具商业展示空间，空间观感要开阔，而且公共性较强，整个空间要清晰，光色最好是冷色或者暖白色，在商业气氛上要有很强的吸引力，同时给人以距离感。

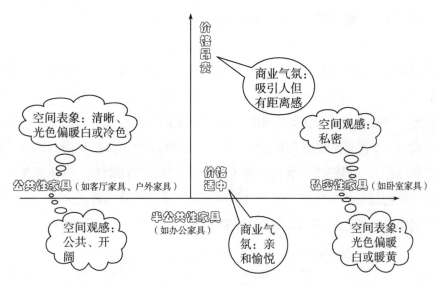

图6-5　家具商业展示空间的商业特征与环境氛围的关系描述

二、环境氛围与视知觉特征的转化

图6-5为我们提供了不同家具的氛围要求，既包含了人对空间的视觉感受，又包含了商业气氛。利用这种移动的定位关系，我们可以发展出氛围和多个视知觉特征要素之间的设计关联，如图6-6至图6-10所示，各图中既包含氛围和视知觉特征要素之间的关系，又给出不同材料、色彩的家具所需的视知觉特征因素水平。

一个空间给人的初步印象，在很大程度上依赖所使用光源的颜色，家具商业展示空间尤其如此。从公共性向私密性转变，常伴随着光源由冷光向暖光的过渡，如图6-6所示。私密性家具（如卧室家具）为表现温馨感，多选择暖白色或暖色；公共场景家具（如办公家具）可选择冷白色，制造空间凝重感；居家办公家具环境光色则可以选择暖白，既有居家的私密性又有办公的公共性。对于一些亮光的时尚家具，需要表现前卫的冷酷感，则可选择冷色光来满足个别群体的要求，但高亮度的冷色光又缺少商业气氛，所以暖白色也是不错的选择。木质家具使用低色温的光源能烘托出温暖的感觉，但正如第四章调研结果所述，当亮度水平较高时，暖色木质家具又会造成沉闷的感觉，所以在高亮度水平下，选择暖白色较为合适。

光照图式根据第二章的讨论分为整体、局部、重点三种，商业气氛从价格适中到昂贵的转化，常伴随着整体照明图式向重点照明图式的转变。第五章对单一光源照明的研究结果表明：整体照明营造的是一种开放、开阔的空间观感，而重点照明更强调私密感。值得注意的是，重点照明和整体照明给人带来的感觉都是愉悦的（第五章关于混合照明的实验结论），而并非只有重点照明能让人觉得舒适和愉悦。对于家具商业展示空间而言，整体照明适合提高空间的最低照度水平，而重点照明适合对家具个体的着重表现，既营造了开阔性，又满足了不同商业气氛的要求。

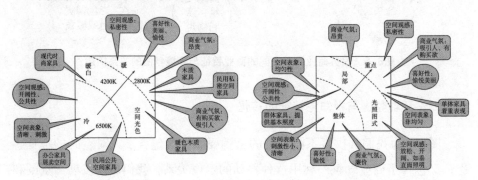

图6-6　氛围与视知觉的关系：空间光色　　图6-7　氛围与视知觉的关系：光照图式

如图6-8所示，随着亮度水平的不断升高，空间私密性不断减小，开阔性变大；光变得较为刺激，环境氛围趋于昂贵和愉悦。随着家具颜色的变化，其所需的亮度水平也发生变化，浅色明快的家具适合采用中等亮度水平，暖色家具也适合采用中等强度的光照（以免暖光过度后显得沉闷），而对于色彩沉闷的家具，如黑色、褐色等家具更适合采用高亮度水平。低反射率的家具适合采用高亮度水平，可以保证其表面清晰度，如布艺家具；而高反射率的家具适合采用低亮度水平，可以降低眩光产生的概率，如镜面不锈钢、亮光皮革等。

均匀亮度分布能够创造朴实、亲和的空间印象，而非均匀亮度分布则具有动人的场景效果，能够产生美丽感。价格定位适中可选用均匀亮度分布，昂贵感可选用非均匀亮度分布，如图6-9所示。值得注意的是，非均匀亮度分布的区域过多会造成视觉疲劳，所以在均匀亮度分布的空间中创造一个非均匀亮度分布的区域是最佳的选择。

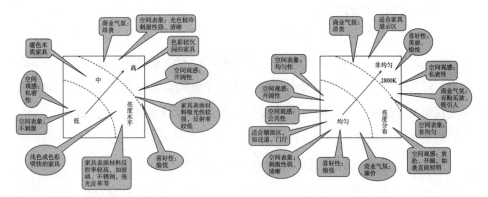

图6-8　氛围与视知觉的关系：亮度水平　　　图6-9　氛围与视知觉的关系：亮度分布

亮度对比度在混合光源照明时，对空间氛围有着重要影响。根据第五章关于混合照明的实验结论，如图6-10所示，强烈的亮度对比度有利于界定和围合空间，利用家具产品和背景的亮度差异，增加空间的刺激性，使得空间或者商品看上去更生动，有利于增强购买欲。亮度对比系数即重点照明系数应保持在1∶5以上，才会有较佳的强调作用。

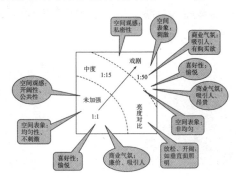

图6-10　氛围与视知觉的关系：亮度对比

三、视知觉特征与照明量化因素的转化

以上从空间光色、光照图式、亮度水平、亮度分布以及亮度对比五个方面说明了氛围与视知觉特征要素的对应关系，如何通过可量化的照明因素来

创造这些视知觉特征呢？以下将从灯具、光源的色温和强度以及它们之间的合理布置方面讨论如何创造视知觉特征。

（一）光照图式的实现

一个完整的照明构件包含两个要素：光源和灯具。灯具是用来改变光的入射角度、投影方向以及亮度的构件。在室内设计的很多情况下，装饰构件直接充当了灯具形式，如本次实验中，T5荧光灯光源和装饰构件共同形成了对墙面的垂直面照明效果。形成同样的光照图式可以通过不同的灯具来实现。

1. 整体光照图式的实现

本次实验是通过T8荧光灯形成对环境的整体光照图式。在实际应用中，整体照明还包含许多方法。就照明方向而言，根据直接和间接的不同，整体光照图式可以分为四种：直接定向型、直接漫射型、间接型、直接与间接结合型，如图6-11所示。

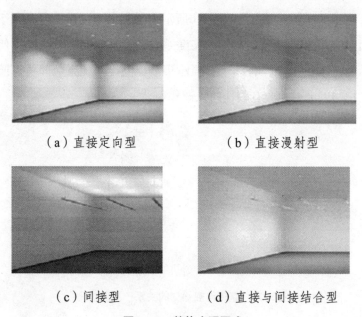

（a）直接定向型　　　　　　（b）直接漫射型

（c）间接型　　　　　（d）直接与间接结合型

图6-11　整体光照图式

直接型能产生一个柔和的照明环境，光在空间中形成的阴影能够对人和销售产品产生定位作用，这种环境最大的特点就是对能源的有效利用。间接型产生的阴影很少，对空间有较强的视觉界定作用，与直接型相比，间接照明需要更高的强度水平，且二次反射面应具有高反射率。

整体光照图式所选光源，可以是T8荧光灯、T5荧光灯、紧凑型荧光灯，也可以是金卤灯、卤素灯、LED等。就直接型和间接型荧光灯举例，如图6-12所示。

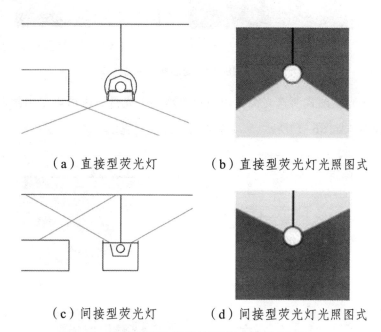

（a）直接型荧光灯　　　（b）直接型荧光灯光照图式

（c）间接型荧光灯　　　（d）间接型荧光灯光照图式

图6-12　整体光照图式所用灯具及光照图式示意

当使用T5荧光灯或T8荧光灯时，由于其照射面积较大，即使灯具的数量较少，也能取得均匀的光照效果；当使用金卤灯、卤素灯时，由于其照射面积不大，往往需要的灯具数量较多，这点在商场和办公空间的对比中就可以发现。

2.局部光照图式的实现

局部光照图式是面向空间对象（如垂直面墙体）的照明方式，其主要目的是使空间比例化和边界清晰化。就光分布而言，局部光照图式可以分为均匀型和非均匀型两种，如图6-13所示。

(a) 均匀型　　　　　　(b) 非均匀型

图6-13　局部光照图式

局部光照图式所选光源，可以是紧凑型荧光灯，也可以是卤素灯、金卤聚光灯等，如图6-14所示。

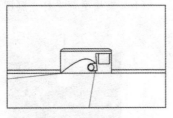
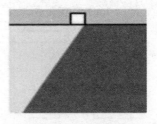

(a) 紧凑型荧光灯　　　　(b) 紧凑型荧光灯局部光照图式

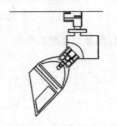

(c) 聚光灯　　　　　　(d) 聚光灯局部光照图式

图6-14　局部光照图式所用灯具及光照图式示意

3. 重点光照图式的实现

重点光照图式是强调个体对象和建筑元素的照明方式，目的是强化人们对该元素的关注度。重点光照图式对家具造型和表面纹理有很好的表现感，所产生的表面阴影和高光有助于对立体感的表现，与整体和局部光照图式相比，其高亮度和窄光束更加强调对象，增强了空间的趣味性。

174

能够形成重点光照图式的光源较为单一，通常为卤素灯或者金卤聚光灯。为了保证其聚光范围的狭小性，通常在光源前加光学透镜（如图6-15所示），或者将光源隐藏于灯具之后。

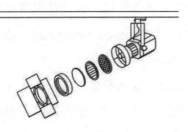

（a）光学透镜导轨聚光灯　　　　（d）聚光灯重点光照图式

图6-15　重点光照图式所用灯具及光照图式示意

（二）空间光色和整体亮度水平的实现

1. 空间光色的实现

排除室内装饰因素的影响，空间光色主要是家具产品的色彩和所选照明光源的色温共同作用的结果。若家具为暖色调，可选用暖白或者冷色的高强度光来烘托；若家具为冷色调，根据不同的要求，可以用超暖或者超冷的光源来形成极端的照明效果，以获得特别的视觉效果。在大型家具商业展示空间中，如果想对空间进行独立分区，可以考虑在不同的区域使用不同的光色，但要具有过渡性，以免造成视觉不舒适的感觉。光源根据发光性质的不同，其可选色温范围也不同，常用光源的色温如表6-1所示。

表6-1　常用光源的色温

光源类型	色温最小可选值	色温最大可选值
T8荧光灯	2700K	6500K
T5荧光灯	2700K	6500K
单端石英金卤灯	3000K	4200K
双端石英金卤灯	3000K	5200K
高压钠灯	2500K	2500K
卤钨灯	2700K	3200K

2. 整体亮度水平的实现

单一光源的亮度水平可以通过调节光源的强度来实现。目前常用的光源中，能够调光的只有卤钨灯和荧光灯。卤钨灯可以选用常规电感变压器来调光，但其调光范围会受到限制，若选用电子变压器，调光范围可以扩大。荧光灯的调光可以通过三种方式：一是相控（phase control），二是脉宽调制（PWM），三是低压控制技术（low voltage）。

整体亮度水平则由空间中多个光源的亮度水平来决定。从第五章的实验中可以得知，亮度不是越大越好，特别是在混合照明时，关键在于亮度对比度，适当的时候可以降低部分光源的亮度，这样可以保证整体亮度水平不至于因为过亮而引起顾客不舒适的感觉或者眩光。

（三）亮度分布的实现

对亮度分布和亮度水平产生影响的因素包括三个：灯具选取（形成不同的照明方式）、光源的强度和不同光源之间的位置关系。以下通过金卤射灯和洗墙射灯来说明如何在水平面和垂直面形成不同的亮度分布。

1. 水平面的亮度分布

选用金卤射灯通过嵌入式装入顶面，可在水平面形成不同的亮度分布，如图6-16（b）所示，灯具偏离墙面的距离a应当大约为灯具间距d的一半，以保证下半部分墙面获得充足的亮度。为了使整个水平面获得均匀照明，光源间距d与安装高度h的比例应该不超过1.5∶1，当d=h时，如图6-16（a）所示，可取得最佳的均匀照明效果。如果要求非均匀照明，则可不必遵循这样的原则。

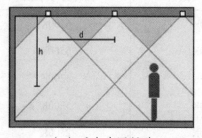
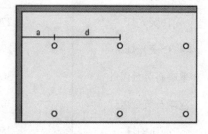

（a）垂直布置尺寸   （b）平面布置尺寸

图6-16 水平面的亮度分布

2.垂直面的亮度分布

通过洗墙射灯可形成墙面的亮度分布，要获得均匀的墙面亮度分布，一般来说灯具偏离墙的距离a应当至少为空间高度的1/3，或者从墙面与顶面相交基线偏向20度的投影就是灯具偏离墙面的位置，如图6-17（a）所示。当光源间距d和光源偏离墙面距离a相等时，可以取得最佳的均匀照明效果，如图6-17（b）所示，洗墙照明要取得最佳的均匀照明效果，至少需要的光源数量是3个。如果要求非均匀照明，则可以依据空间需求任意布置。

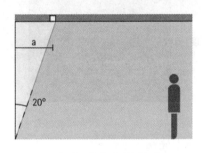 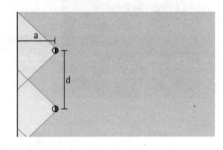

（a）垂直布置尺寸　　　　　　　（b）平面布置尺寸

图6-17　垂直面的亮度分布

（四）亮度对比的实现

亮度对比主要与光源的亮度和布置位置有一定的关系。在第二章中，我们提到，亮度对比度是指物体亮度与背景亮度的差异比值。实现亮度对比，可以通过以下两种方法。

1.调节背景或物体的亮度

可以通过降低背景亮度或者增加物体亮度的方式，来实现增大亮度对比度、突出物体的目的。例如，为了突出如图6-18所示的场景中的沙发，在图6-18（a）中降低沙发背景亮度，在图6-18（b）中增加照射沙发区域的卤素射灯的亮度。

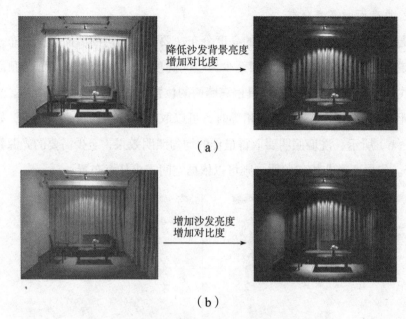

$$（a）$$

$$（b）$$

图6-18 通过亮度调节改变对比度的两种方式

2.重点照明光源远离局部或者整体照明光源

在灯具布置时，用于重点照明的卤素射灯或者金卤射灯要远离高强度水平的垂直墙面照明和环境照明光源，以防止因相互交叉影响而降低重点照明系数。这样既可以利用局部或者整体照明保证环境的整体清晰度，又可以突出所要展示的家具。

第四节　方法实践

下面介绍的案例为一家民用板式家具专卖店，是某品牌家具公司成都市温江区直营店，笔者参与了其中的室内和照明设计。该专卖店的家具包含系列成套家具，价格定位是中端偏高。下面以该专卖店的客厅家具和卧室家具展区的照明设计为例，介绍"氛围量化"照明设计方法的实现过程。

1.将商业特征与氛围要求对应

根据如图6-5所示的定位描述，客厅家具属于公共性家具，而卧室家具属于私密性家具。就公共性家具而言，"空间表象"氛围要求清晰、光色偏白或暖白，"空间观感"氛围要求公共、开阔，"商业气氛"要求亲和、愉悦；对私密性家具而言，"空间表象"氛围要求光色偏暖，"空间观感"氛围要求私密，"商业气氛"同样要求亲和、愉悦。

2.将氛围要求与视知觉特征对应

根据如图6-6至图6-10所示的对应描述，客厅家具展区和卧室家具展区的视知觉特征表达分别如图6-19和图6-20所示。对于客厅家具而言，经过转化后，客厅家具环境氛围所对应的视知觉特征是：空间光色为白色或暖白色，光照图式为整体光照图式，亮度水平为高强度，亮度分布为均匀分布，亮度对比为未加强。

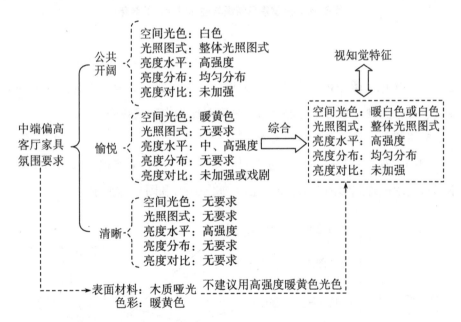

图6-19　客厅家具氛围与视知觉特征的转化

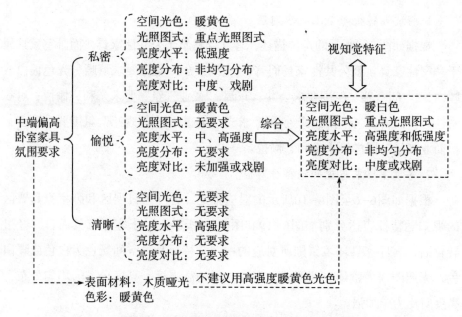

图6-20 卧室家具氛围与视知觉特征的转化

对于卧室家具而言，经转化后，卧室家具环境氛围对应的视知觉特征是：空间光色为暖白色，光照图式为重点光照图式，亮度水平为高强度和低强度兼有，亮度分布为非均匀分布，亮度对比为中度或戏剧。

3.将视知觉特征与照明因素对应

相同的视知觉特征可以通过不同的照明因素组合来实现。因篇幅所限，本书只介绍一种照明因素组合的方法，如图6-21和图6-22所示。

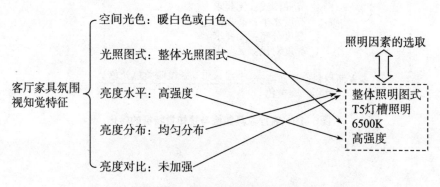

图6-21 客厅家具环境视知觉特征与照明因素的转化

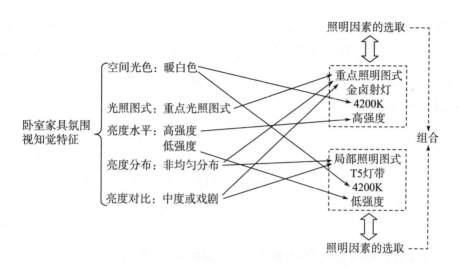

图6-22 卧室家具环境视知觉特征与照明因素的转化

将客厅家具环境整体光照图式用如图6-11（c）所示的间接型来实现，用
T5荧光灯构成对顶面间接照明的整体光照图式，且满足空间亮度均匀分布，
色温选择白色冷光，即T5光源色温选择6500K，亮度水平选择能够调节的最
大值，这样通过高强度的、色温为6500K的T5荧光灯槽照明，就可以满足客
厅家具所要表现的商业特征（最终效果如图6-23所示），从而完成了"氛围
量化"的照明设计过程。

图6-23 客厅家具环境照明设计效果

图6-24 卧室家具环境照明设计效果

将卧室家具环境重点光照图式用金卤射灯来实现，用T5荧光灯构成局部
照明图式。金卤射灯色温选择4200K（暖白色），T5荧光灯色温也选择暖白
色。局部照明图式和重点照明图式共同构成了场景的非均匀亮度分布。为实

现亮度对比，参照图6-18（a）中降低背景亮度的方法，将T5荧光灯的强度调节到低水平状态，这样低强度的T5荧光灯和高强度的金卤射灯就构成了亮度对比。至此，所有的视知觉特征全部实现，最终设计效果如图6-24所示，这样就完成了"氛围量化"的照明设计过程。

本章小结

本章在四角照明理论的基础上，对家具商业展示空间的照明设计方法进行探索研究，提出了"氛围量化"照明设计方法。"氛围量化"照明设计过程主要涉及家具商业展示空间的商业特征、环境氛围、视知觉特征以及照明因素四个方面。"氛围"是非量化因素，而"照明因素"则是可量化因素，从"环境氛围"到"照明因素"的转变过程实现了非量化因素的量化设计过程。

"氛围量化"照明设计过程分为三个步骤。首先，根据家具商业展示空间的商业特征进行定位，得出相应的环境氛围要求。其次，就具体的环境氛围，结合所销售家具的类型特征（包含色彩、材质等因素），描述出空间光色、光照图式、亮度水平、亮度分布、亮度对比等方面的视知觉特征。再次，笔者就照明方式、光源亮度与色温、灯具布置等照明因素，详细阐述了实现视知觉特征要素的方法和要点。此外，还通过案例来实践"氛围量化"照明设计方法。

第七章　家具商业展示空间光环境设计方法的进一步探析 ≫

本书第六章从"氛围量化"的角度提出家具商业展示空间的照明设计方法，仅仅提供了一种系统性思考问题的方法，目的是在纷乱繁复的表象背后，为空间照明设计寻找一种循序渐进的可操性方法。但对于实际建成环境的光环境设计，除照明因素导致的氛围需求外，还需要考虑诸如环境中人的行为特征、功能空间的构成、产品因素等其他要求，这些因素对空间的照明设计起着至关重要的作用。本章以新中式家具为例，从更为综合的角度探讨家具商业展示空间的光环境设计，以期补充。

近些年来，随着国家文化战略的推进和文化创意产业的发展，越来越多的人喜欢传统文化。作为传统文化载体的新中式家具，也受到许多消费者的青睐。目前市场上的新中式家具多秉承明式家具设计理念，在符合极简审美情趣的同时，又能融合诸多现代元素，在注重实用性的基础上仍追求明式家具"沉穆""劲挺""厚拙""淳朴""空灵""玲珑"等造型特点。新中式家具展示环境在空间上以去装饰化的处理方式，用简约且蕴含诗意的风格去吸引消费者对产品的注意力，良好的光照环境不仅让人可以清晰地辨别家具产品的造型纹理细节，还可以赋予消费者诗意的空间观感。

第一节　新中式家具商业展示空间的视觉特征和光照要求

新中式家具商业展示空间的视觉环境是空间产品和照明设计共同作用的结果。虽然不断创造更新的室内装饰和展陈方式有助于对家具的阐释，提升品牌形象，但"看与被看"始终是售卖展陈环境最基本的视觉特征。高度依赖人工照明的商业展示空间环境如果离开光照，就无室内装饰的可视化，因此视觉与光环境品质是评价新中式家具商业展示空间环境设计优劣的重要指标。依据人的视觉特征和产品特点不断创新照明策略和方法，不仅有助于对家具产品的表现，也有利于整体空间观感的优化。

一、展示空间与人的行为和视觉特征

人们在大型家具卖场环境中驻足观看或者边走边看，其行为可以分为两类：一类是远观，通过家具商业展示空间整体光环境特征来感知空间的氛围，决定下一步的行为是离店还是进店体验消费；另一类行为是近观，顾客进店后，通常会在感兴趣的商品前驻足停留一段时间，关注产品造型、材质、工艺等细节。由于顾客观看的角度和姿态各不相同，所以对灯具布置和光照方式提出了更高的要求。

二、新中式家具的特点及光照要求

新中式家具使用的材质以实木为主，诸如花梨、黑檀、橡木、榆木、胡桃木等，相比于浅色实木而言，深色实木需要更高的照度水平，以便强调材质的纹理细节，而且木材的油漆工艺以哑光和半哑光居多。对于半哑光材质，应尽量避免在观察视角上产生直接和反射眩光。棉布、混纺织物是床和椅凳类家具常使用的覆面材料，与实木相比，布料不易产生眩光，深色布料吸光性更强，因此在加强布料自身照度水平的同时，也要利用环境光对布料进行照明。

新中式家具在造型上继承了明式家具的特点，保留了建筑大木梁架结构的痕迹，整体以横竖框和面块部件构成多种功能形态，依据造型的围合性可分为箱体和线型两类。"沉稳""劲挺"是箱体类家具的主要特点，此类家具以圆角柜、方角柜、闷户橱、屏风等为代表，造型整体不通透，使用榫卯工艺将围合的立面固定于横框和竖框之间。垂直面是箱体类家具展陈的主要内容，照明目的是要让其获得高强度的均匀光照。线型家具包含床榻、案几、桌椅、格架等，此类家具的共同点是用一定间距的线型构件连接水平层板制作而成，围合性相对较弱，水平面是光照重点刻画的对象。对于椅类家具而言，鉴于其"空灵""玲珑"的造型特点，还应注重对立体感的表达。格架类线型家具在光照要求方面稍有不同，重点强调对家具整体轮廓的表达。对于带有背板的格架，还可利用光照背板的方式来消除其对空间产生的压迫感或沉闷感，突出家具的造型层次。

第二节　新中式家具商业展示空间光环境设计

如果一个展示空间的结构特征及其中商品的形状和质地都能清晰而适当地得以显示，那么整个空间的外观效果就可以得到提高。新中式家具商业展示空间的照明设计包含两个方面的内容：一是针对人的远观行为，对空间外观整体效果的表达；二是针对人的近观行为，围绕家具和内部空间，对质地和结构的清晰表现。具体而言，在宏观层面上，新中式家具商业展示空间的照明设计目的是创造多层次的室内空间，营造符合新中式家具特征的空间意境；在中观层面上，强调光照对分区功能空间结构特征的表现，为家具的销售环境创造清晰开阔的空间观感；在微观层面上，注重对空间内部的家具产品及其陈设的细节展陈。除传统的水平照明和方向性照明外，分区照明和洗墙照明是近些年来随着理念更新和灯具技术发展而产生的照明策略和方法。

一、分区照明

从严格意义上讲，分区照明不是一种具体的照明设计方法，它体现的是一种照明规划策略。这里提取出来，目的是强调其在照明设计过程中的重要性。卢原义信认为："空间基本上是由一个物体和感觉它的人之间产生的相互关系中发生的，这一个相互关系主要是根据视觉确定的。"分区照明更多强调家具商店连续空间的分区之间的亮度设计，利用亮度分布和亮度对比，强调空间的主次关系，创造多景深的空间层次。以U+家具公司商业展示空间为例，做好分区照明，首先应依据空间的功能需求，利用起承转合（图7-1）、渗透（图7-2和图7-3）等设计手法，创造隔而不断的空间序列，将深邃意境融入售卖环境中；其次，分区照明要整体规划分区空间的亮度主从关系和重点关系；最后，在每个分区的光环境内，应严格参照规划好的明暗层次进行照明设计，照明方式多样化是每个分区照明的特点，通常采用水平照明、洗墙照明和方向性照明等方式。

图7-1　利用曲折动　图7-2　墙体错位形　图7-3　格栅形成空间体块的分隔与视觉渗透
线形成空间序列　　　成视觉渗透

二、水平照明

水平照明是用来提供分区空间水平面的整体照度，并通过材质反射光影响分区空间整体亮度水平的照明方式。常用的水平照明方式只是纯粹的亮化设计，从数量上达到照明效果要求，因此它更侧重于直接的空间清晰可见程度，而忽略空间的体验感。

新中式家具商业展示空间的水平照明对象，依据高度关系，主要体现在过道地面、展陈区域水平面两个方面。过道是店铺内的主要通行空间，常用的照明方法是在顶面按照一定间距布置嵌入式灯具，在地面上形成柔和的光线，将平均照度控制在50 lx以上。展陈区域水平照明依据整体环境的定位不同，照度值要求也不尽相同，《建筑照明设计规范》（GB 50034-2020）推荐商业建筑照明在0.75米水平面的照度值为300～500 lx，其中一般商业场所为300 lx，高档场所为500 lx，这也为家具商业展示空间展陈区域的照度水平提供了参考值；展陈区域的水平照明多采用均匀照明方式，高照度的均匀水平照明醒目性较强，可以刺激人的消费欲望，一般可在空间顶面布置嵌入式下投灯具，通过调整灯具的配光和间距，创造最大化的均匀光照范围。水平照明不针对任何家具产品，更侧重于整体空间的亮化设计（图7-4），此种照明方式对于经常需要更新布局和销售产品的新中式家具商业展示空间来说具有积极的意义。嵌入式下投灯具可采用低压卤素灯、金卤灯、LED等光源。

图7-4　沙发区的水平照明

图7-5　沙发区的顶面洗墙照明

三、洗墙照明

视觉环境设计是科学与艺术两个方面和谐结合的创造,然而,事实上设计人员常常受到纯技术观念的支配,并且被"规范"和"标准"所束缚。水平照明一般受到技术指标和标准的限制,洗墙照明恰恰不是强调一种数值,而是对数值大小的空间艺术体验,让空间看起来更清晰宽敞,使人更有愉悦感。洗墙照明不仅仅要求保证空间的基础照明,更强调对分区功能空间结构的展示,满足人的审美和视觉心理需求,侧重于从质量方面达到照明设计效果。

从广义上讲,洗墙照明的光照对象不仅仅局限于常见的垂直立面,还包含空间的顶面。垂直面照明可以为观看者提供展墙明亮的观看条件,使人产生空间开阔的印象;顶面洗墙照明则通过对顶面的光照,让空间看起来更高(图7-5)。两者实质都是通过亮化界面形成丰富的亮度层次,以达到开阔空间的目的。

室内空间的洗墙照明设计可分为均匀和非均匀两种方式。对于均匀洗墙照明,如立面洗墙,可在墙体阴角处布置洗墙灯具,考虑灯具的配光和距离空间,形成亮度分布均匀的墙面,强调墙面的整体亮化(图7-6)。对于非均匀洗墙照明,可在墙体阴角处布置嵌入式灯具或者在顶面布置上照悬挂式灯具,分别在立面和顶面形成非均匀亮度分布的洗墙效果(图7-7)。均匀洗墙照明对灯具的配光和布置要求较高,需要专业照明设计师参与设计过程,可用于品牌附加值较高的空间环境。

图7-6 均匀型垂直面洗墙照明　　　　图7-7 非均匀型垂直面洗墙照明

洗墙照明在衬托空间艺术观感的同时，也为家具产品的方向性照明提供了背景光照。用于洗墙照明的灯具有多种，如金卤聚光灯、LED聚光灯（图7-8）、紧凑型荧光灯（图7-9）等。根据灯具的配光曲线，安装布置方式可以分为投射式、线型和顶面嵌入式等多种，形成不同的光照图式（图7-10和图7-11）。

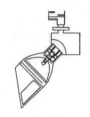

图7-8　聚光灯

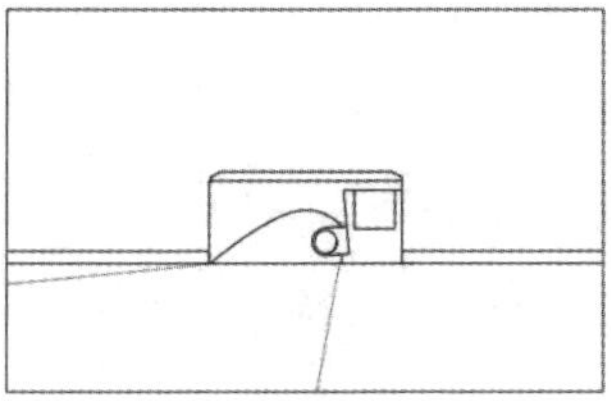

图7-9　紧凑型荧光灯

图7-10　聚光灯局部光照图式

图7-11　紧凑型荧光灯局部光照图式

四、方向性照明

方向性照明是能够清晰展示材质的纹理细节，表达新中式家具良好立体感的重点照明方式。对于不同类型的家具，方向性照明的光照部位有所不同。

垂直立面是箱体类家具的主要展陈部位，均匀的光照和较高的照度是其照明的主要特点。以圆角柜为例，柜门整板对开，素面风格且纹理对称，通体封闭，光线从柜门的前方顶面入射，"灯柜距"（本文是指灯具与柜门之间的水平距离）是重点考虑的因素，通过控制灯具配光和入射距离，使光照范围大于柜门的面积，以便清晰整体展现柜门的纹理质感（图7-12）。

图7-12　柜类家具的光照方式

图7-13　床类家具的光照方式

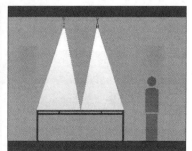

图7-14　桌类家具的光照方式

水平面、整体轮廓及局部装饰是线型家具的重点展陈部位。床榻类等体量较大的线型家具，如架子床，可用入射角度较小的掠光来表现立柱的垂拔感，方向性聚光灯可用来表达床上饰物的纹理细节（图7-13）。与床榻类家具有所不同，桌椅类家具相对体量稍小，顾客的观看视线主要集中在视平线以下的台面和坐面上，使用顶光有助于表现家具的色彩和纹理。桌类家具的桌面以矩形居多，在顶面可使用不对称配光的顶面布光灯具，通过控制灯间距使得桌面的光照尽可能均匀分布（图7-14）。椅类家具相比于桌类家具而言，更具有"玲珑空灵"之感，以玫瑰椅为例，两点布光方式可使其形成错落有致的立体展陈效果，主光的投射方向位于椅子正前方（图7-15），从侧面看与观察方向呈30~60度角（图7-16），目的是照亮椅子的靠背装饰和坐面部分。顶面的辅光投射方向位于椅子侧边（图7-15），当灯具入射角度减小时，椅面下的阴影区会扩大，侧向阴影效果增强。格架的基本形式是四足之间加横枨、顺枨，承架多层格板。因无柜门和背板，格架与空间融合性较强，通过调整灯柜距，使得格架正前方的顶光入射方向与第一层格板前端和第二层格板后端的连线保持一致，保证视野范围内格板的受光面积最大化。

图7-15　椅类家具的光照方式　　图7-16　椅类家具的　　图7-17　格架类家具
　　　　　　　　　　　　　　　　　　　　光照方式　　　　　　的光照方式

方向性照明常使用活动式投射灯具，灯位安装在顶面导轨上，根据家具产品类型和位置，可灵活调节入射距离和角度。灯具本身也可进一步利用百叶盖、掩门板等构件控制光线的扩散程度，降低灯具的眩光效应。方向性照明可采用低压卤素灯、金卤灯、LED等多种光源形式。方向性照明的强度不能过于强烈，否则将形成令人不舒适且刺目的明暗对比。此外，要注意背景照明与方向性照明之间的强度关系，售卖展陈对象与周边环境背景的亮度比控制在3：1左右，亮度比过大会产生视觉疲劳，太低又会降低家具的重点照明效果。

本章小结

第六章提出的"氛围量化"照明设计方法是从营造整体空间氛围出发，用照明因素等量化指标来表达非量化空间氛围的照明设计方法。本章在新中式家具商业展示空间光环境设计分析中，对于分区照明和洗墙照明，仍然从这一思路出发，旨在创造一个宽敞明亮、层次丰富的深邃空间，增加顾客的空间观感。然而新中式家具商业展示空间的光环境设计在注重整体空间氛围表达的同时，也要针对不同特性的家具产品提供不同的照明解决方案，诸如案例中的方向性照明和水平照明，这些照明方式有助于顾客区分家具材质细节特征，激发他们的购买欲望。新中式家具商业展示空间光环境设计方法可以从两方面展开：一是针对家具产品的文化属性及商业特性展开空间蕴含氛围的需求分析，提出照明解决方案；二是基于产品的材料及造型特性分析，为家具展陈提出照明解决方案。

第八章　研究结论与展望 ≫

第一节　研究结论

本书从照明因素（包含照明方式、光源的强度和光源的色温三个方面）的角度展开对家具商业展示空间光环境氛围的研究。研究主要分为调查研究和实验研究两个部分，并在实验研究的基础之上，提出"氛围量化"照明设计方法，同时，还尝试从产品因素的角度进一步探讨家具商业展示空间光环境设计方法的可能性。

本书研究结论如下：

1. 通过对家具商业展示空间光环境的实地调研发现：家具产品的平均最大亮度与背景照明的平均亮度之比决定了整个视知觉的亮度印象，比值越大，被试的满意度越高；木质家具宜用低色温光源来表现，但强度不宜过高，而表面材质反射率较大的家具也不宜用高强度的光源来表现；照明方式的选取具有一定的相似性，重点照明和环境照明是每个家具商店必用的照明方式；高型家具的亮度区域主要集中在垂直面上，中低型家具的亮度区域主要分布在水平面上，而整体空间的亮度区域集中分布在家具产品上。

2. 对家具商业展示空间的照明因素和视知觉特征进行主观评价，因子分析结果表明：整体空间亮度水平和分布以及家具展示区域的局部亮度对比度是对被试的视觉满意度贡献率最大的两个因子，其贡献率之和接近50%，其次是地面亮度因素，最后是光色和顶面照明。另外，结合第四章的调研实测部分结论发现，垂直面照明、环境照明、重点照明是店家和顾客比较注重的照明方式。

3. 对模拟的家具商业展示空间环境氛围进行主观评价，结果表明：在"空间表象"这一指标上，"清晰度"与环境的整体亮度水平有关，当亮度水平较高时，环境氛围较为清晰，而清晰度与色温高低无显著关系（P>0.05）。"冷暖感"可分为环境低亮度水平和高亮度水平两种情况。在低亮度水平时，冷暖感既与强度有关又与色温有关，具体为：当低色温时，环境越亮，被试感觉越暖；当高色温时，环境照明（T8）在低强度和高强度水平时被试感觉较冷，垂直面照明（T5）在高强度水平时被试感觉较冷。在高亮度水平（即混合照明）时，冷暖感的差异和强度无显著关系（P>0.05）。"均匀性"在单一照明时，与亮度水平有关，亮度水平越高则均匀性越好；在混合照明时，则与各个光源的亮度有关，当它们的亮度水平相同时，均匀性较好（布置位置合理的情况下）。均匀性与色温高低无显著关系（P>0.05）。"刺激性"与整体亮度水平及环境局部亮度对比度有关，增大整体亮度水平或者加强局部亮度对比度可以增加空间的刺激性。在色温方面，当高色温时，刺激性较强。

4. 对模拟的家具商业展示空间环境氛围进行主观评价，结果表明：在"空间观感"这一指标上，"公共性"与整体亮度水平及环境局部亮度对比度有关，减弱整体亮度水平或者增加局部亮度对比度可以增加空间的私密性，私密性与色温无显著关系（P>0.05）；提高整体亮度水平或者减小局部亮度对比度可以增加空间的公共性。在垂直面照明（T5）时，色温越高，公共性越强。"开阔性"与整体亮度水平、色温、照明方式都有关。选用高强度高色温的光源可以增加空间的开阔性；选用环境照明（T8）或垂直面照明（T5）也有助于增加空间的开阔性。"放松感"则与亮度水平、色温以及照明方式都无显著关系（P>0.05）。

5. 对模拟的家具商业展示空间环境氛围进行主观评价，结果表明：在"喜好性"这一指标上，"愉悦感"与强度有关，在低亮度水平时，亮度越高，愉悦感越强；当环境整体亮度达到一定水平后，愉悦感与亮度无显著关系（P>0.05）。"美丽感"和"吸引力"的评价结果，在低亮度水平时，与强度水平有关，整体亮度水平越高，美丽感和吸引力越强；在高亮度水平（即混合照明）时，与整体亮度分布和局部亮度对比度有关，整体亮度分布不均匀且局部重点照明系数越大，美丽感和吸引力越强。有关色温方面，当低色温时，被试感觉喜好性较强。

6. 对模拟的家具商业展示空间环境氛围进行主观评价，结果表明：在"商业气氛"这一指标上，"生动感"评价结果，在低亮度水平时，与强度水平有关，整体亮度水平越高，生动感越强；在高亮度水平（即混合照明）时，只与局部亮度对比度有关，重点照明系数越大，则生动感越强。"购买欲"评价结果在低亮度水平时，与强度水平有关，整体亮度水平越高，购买欲越强；在高亮度水平（即混合照明）时，只与整体亮度分布有关，当亮度分布不均匀时购买欲较强。"昂贵感"评价结果，在低亮度水平时，与强度水平有关，整体亮度水平越高，昂贵感越强；在高亮度水平（即混合照明）时，与亮度水平、亮度分布、局部亮度对比度都有一定关系，当亮度分布不均匀时，亮度水平越高，局部亮度对比度越大，则空间氛围显得越昂贵。有关色温方面，当低色温时，商业气氛较强。

7. 就性别差异而言，在环境照明（T8）和垂直面照明（T5）时，男性在生动感方面都要强于女性。在环境照明（T8）时，女性对温度的感知要比男性暖，对光分布的感知要比男性均匀。

8. 在调研和实验的基础上，笔者提出了"氛围量化"照明设计方法，实现了从"环境氛围"到"照明因素"的转变过程。"氛围量化"照明设计过程可分为三个步骤。首先，根据家具商业展示空间的商业特征进行定位，得出相应的环境氛围要求。其次，就具体的环境氛围，结合所销售家具的类型特征（包含色彩、材质等因素），描述出空间光色、光照图式、亮度水平、亮度分布、亮度对比等方面的视知觉特征。再次，笔者就照明方式、光源亮度与色温、灯具布置等照明因素，详细阐述了实现视知觉特征要素的方法和要点。此外，还对"氛围量化"照明设计方法进行了实践验证。

9. 从产品因素进一步探讨家具商业展示空间的光环境设计，结果表明：照明设计可以围绕产品的外延造型和内涵文化属性两个方面展开。针对文化属性，剖析空间氛围需求，利用"氛围量化"方法进行照明设计；针对产品的外延属性，提出具体的照明方式，在表现家具材质、塑造家具立体感的同时，激发顾客的购买欲望。

第二节　研究的创新之处

本书研究的创新之处体现在以下几个方面：

1. 研究内容的创新：从照明因素方面来研究家具商业展示空间的环境氛围，在国内尚属首次。研究方法既涉及描述法、比较法，又涉及实验法，研究过程包含了从调研到实验，从实验到研究结果，从研究结果再到应用成果三个步骤，构成了一个完整的"实践–研究–再实践"循环上升体系。

2. 研究结果的创新：通过模拟家具商业展示空间的具体环境，并结合主观评价的方法，对照明因素如何作用于室内氛围做深入系统的研究，而且对混合光源照明场景的氛围研究在国内尚属首次，所得研究结果具有真实性和科学性，避免了因单纯使用描述法或比较法而导致研究不够深入的局限性。

3. 设计理论的创新：针对家具商业展示空间提出"氛围量化"照明设计方法，对四角照明理论形成了有力的补充，从生理和心理方面完善了照明设计理论体系，填补了国内业界和理论界的空白。

第三节　展　望

综合国内外相关研究现状，笔者认为，家具商业展示空间的氛围研究今后可以从以下几个方面展开：

1. 本研究发现氛围的多个指标在环境整体亮度水平达到一定程度后，则与亮度无关而与亮度对比度有关，建议通过进一步研究发现此亮度阈值。

2. 实际家具商业展示空间所采用的混合照明方式较多，建议进一步研究时，可以扩大模拟场景，布置多种类型的灯具和光源。本实验在研究混合照明时，主要的研究变量是强度，建议后期的研究可以针对其他照明因素，如灯具之间的三维尺寸关系对氛围的影响。

3. 本次实验选用的是环境照明、垂直面照明和重点照明三种照明方式，对于其他照明方式，如装饰照明等，也可以将其作为美学元素引入实验中。

4. 对家具商业展示空间环境氛围的研究，还可以从家具产品因素的角度来进行，如不同的材质、色彩等。本书只是从客观角度分析家具商业展示空间的光环境设计方法，没有结合主观评价分析，故设计成果的评价效果有待进一步验证。

5. 针对客厅环境模拟得出的氛围评价结果是否有一定的局限性，有待进一步在其他功能场景中加以佐证。

附　录　≫

附录一　照明及视知觉特征因素的主观评价问卷

指导语：本调查是对实体家具专卖店内有关照明和视知觉特征因素的问卷调查。在进入店面后，请先大致浏览一下店面的整体光照环境。在你就每项内容进行评价前，请先适应这样的照明环境。评价时，你必须站在规定的几个位置，调整你的视点，尽可能浏览整个场景。当做出判断后，请在两极量表相对应的数值下面进行选择，打"√"表示。

1. 家具产品的细节可辨性

细节不可辨的	−3	−2	−1	0	1	2	3	细节可辨的
							√	

当你觉得家具产品的细节可辨时，你可按照上例进行选择，无须花很长时间思考。
谢谢你的帮助！

A1. 地面亮度水平

	低	−3	−2	−1	0	1	2	3	高

A2. 家具水平面亮度水平

	低	−3	−2	−1	0	1	2	3	高

A3. 地面亮度对比度								
小	−3	−2	−1	0	1	2	3	大

A4. 地面亮度变化区域数量								
少	−3	−2	−1	0	1	2	3	多

A5. 家具产品亮度变化区域数量								
少	−3	−2	−1	0	1	2	3	多

A6. 家具产品亮度对比度								
小	−3	−2	−1	0	1	2	3	大

A7. 顶面亮度变化区域数量								
少	−3	−2	−1	0	1	2	3	多

A8. 空间光色								
低	−3	−2	−1	0	1	2	3	高

A9. 整体空间亮度水平								
低	−3	−2	−1	0	1	2	3	高

A10. 整体空间亮度变化区域数量								
少	−3	−2	−1	0	1	2	3	多

A11. 整体空间亮度对比度

	-3	-2	-1	0	1	2	3	
小								大

A12. 顶面亮度水平

	-3	-2	-1	0	1	2	3	
低								高

A13. 墙面亮度变化区域数量

	-3	-2	-1	0	1	2	3	
少								多

A14. 墙面亮度水平

	-3	-2	-1	0	1	2	3	
低								高

B. 总体视觉满意度

	-3	-2	-1	0	1	2	3	
低								高

附录二　氛围主观评价问卷

指导语：本实验是在不同的照明条件下进行模拟场景的家具商业展示空间环境氛围主观评价。在每个场景下，照明方式、光源的色温和强度会不停地进行切换。在进行每组实验之前，请你浏览一下本组所有的光照环境，评价时你在每种照明环境中会有短暂的停留。在你就每项内容进行评价前，请先适应这样的照明环境。评价时你必须站在指定位置，调整你的视点，尽可能浏览整个场景。当做出判断后，请在两极量表相对应的数值下面进行选择，打"√"表示。								
举例								
生动的	3	2	1	0	−1	−2	−3	单调的
					√			
当你觉得房间氛围有点单调时，你可按照上例进行选择，无须花很长时间思考。 谢谢你的帮助！								
评价问卷								
清晰的	3	2	1	0	−1	−2	−3	模糊的
暖的	3	2	1	0	−1	−2	−3	冷的
均匀的	3	2	1	0	−1	−2	−3	非均匀的
刺激的	3	2	1	0	−1	−2	−3	不刺激的
公共的	3	2	1	0	−1	−2	−3	私密的

开阔的	3	2	1	0	−1	−2	−3	狭小的
放松的	3	2	1	0	−1	−2	−3	紧张的
美丽的	3	2	1	0	−1	−2	−3	不美丽的
愉悦的	3	2	1	0	−1	−2	−3	不愉悦的
吸引人的	3	2	1	0	−1	−2	−3	不吸引人的
生动的	3	2	1	0	−1	−2	−3	单调的
有购买欲的	3	2	1	0	−1	−2	−3	无购买欲的
昂贵的	3	2	1	0	−1	−2	−3	廉价的

主要参考文献 ≫

［1］庞蕴繁.视觉与照明［M］.北京：中国铁道出版社，
1993.

［2］申黎明.人体工程学：人·家具·室内［M］.北京：
中国林业出版社，2010.

［3］章明.视觉认知心理学［M］.上海：华东师范大学出
版社，1991.

［4］曾宪楷.视觉传达设计［M］.北京：北京理工大学出
版社，1991.

［5］杨公侠.视觉工效学［M］.上海：同济大学出版社，
1991.

［6］沈迎九，刘莹.垂直面照明：照明设计的重要表现方
式之一［J］.室内设计与装修，2007（4）：80-83.

［7］Graziano A M，Raulin M L. Research methods：
A process of inquiry［M］. Boston：Harper Collins
College Publishers，1993.

［8］Sekuler R，Blake R. Perception［M］. New York：
McGraw-Hill，2002.

［9］Smith E E，Atkinson R L，Fredrickson B，et al.

Atkinson & Hilgard's introduction to psychology [M]. Belmont: Wadsworth Publishing Company, 2003.

[10] Wyszecki G, Styles W S. Color science: Concepts and methods, quantitative data and formulae [M]. New York: John Wiley & Sons, 1982.

[11] Birren F. Light, color and environment [M]. New York: Schiffer Publishing, 1988.

[12] Boyce P R. Human factors in lighting [M]. Boca Raton: CRC Press, 2003.

[13] Pett M A, Lackey N R, Sullivan J J. Making sense of factor analysis: The use of factor analysis for instrument development in health care research [M]. London: Sage Publications, 2003.

[14] Baucom A H. Hospitality design for the graying generation: Meeting the needs of a growing market [M]. Hoboken: John Wiley & Sons, 1996.

[15] Whyte W H. The Social Life of Small Urban Spaces [M]. Washington D. C.: The Conservation Foundation, 1980.

[16] Seiders K, Costley C L. Price awareness of consumers exposed to intense retail rivalry: a field study [J]. ACR North American Advances, 1994, 21 (1): 79-85.

[17] Flynn J E. A study of subjective responses to low energy and nonuniform lighting systems [J]. Lighting Design & Application, 1977, 2 (2): 6-15.

[18] Flynn J E, Spencer T J. The effects of light source color on user impression and satisfaction [J]. Journal of the Illuminating Engineering Society, 1977, 6 (3): 167-179.

[19] Harrington R E. Effect of color temperature on apparent brightness [J]. Journal of the Optical Society of America, 1954, 44 (2): 113-116.

[20] Higgins K E, Jaffe M J, Caruso R C, et al. Spatial contrast sensitivity: Effects of age, test-retest, and psychophysical method [J]. Journal of

the Optical Society of America, 1988, 5（12）: 2173-2180.

［21］Hygge S, Knez I. Effects of noise, heat and indoor lighting on cognitive performance and self-reported affect［J］. Journal of Environmental Psychology, 2001, 21（3）: 291-299.

［22］Hassan Y, Muhammad N M N, Bakar H A. Influence of shopping orientation and store image on patronage of furniture store［J］. International Journal of Marketing Studies, 2010, 2（1）: 175-184.

［23］Turley L W, Milliman R E. Atmospheric effects on shopping behavior: a review of the experimental evidence［J］. Journal of Business Research, 2000, 49（2）: 193-211.

［24］Bitner M J. Evaluating service encounters: the effects of physical surroundings and employee responses［J］. Journal of Marketing, 1990, 54（2）: 69-82.

［25］Baker J, Parasuraman A, Grewal D, et al. The influence of multiple store environment cues on perceived merchandise value and patronage intentions ［J］. Journal of Marketing, 2002, 66（2）: 120-141.

［26］Küller R, Ballal S, Laike T, et al. The impact of light and colour on psychological mood: a cross-cultural study of indoor work environments ［J］. Ergonomics, 2006, 49（14）: 1496-1507.

［27］Custers P J M, De Kort Y A W, Jsselsteijn W A I, et al. Lighting in retail environments: Atmosphere perception in the real world［J］. Lighting Research & Technology, 2010, 42（3）: 331-343.

［28］Houser K W, Tiller D K, Bernecker C A, et al. The subjective response to linear fluorescent direct/indirect lighting systems［J］. Lighting Research & Technology, 2002, 34（3）: 243-260.

［29］Tiller D K, Rea M S. Semantic differential scaling: Prospects in lighting research［J］. Lighting Research & Technology, 1992, 24（1）: 43-51.

［30］Alvarez G A, Cavanagh P. The capacity of visual short-term memory is set both by visual information load and by number of objects ［J］. Psychological Science, 2004, 15（2）: 106-111.

［31］Russell J A, Weiss A, Mendelsohn G A. Affect grid: a single-item scale of pleasure and arousal ［J］. Journal of Personality and Social Psychology, 1989, 57（3）: 493-502.

［32］Uchikawa K, Ikeda M. Accuracy of memory for brightness of colored lights measured with successive comparison method ［J］. Journal of the Optical Society of America, 1986, 3（1）: 34-9.

［33］Valdez P, Mehrabian A. Effects of color on emotions ［J］. Journal of Experimental Psychology: General, 1994, 123（4）: 394-409.

［34］Yildirim K, Akalin-Baskaya A, Hidayetoglu M L. Effects of indoor color on mood and cognitive performance ［J］. Building and Environment, 2007, 42（9）: 3233-3240.

［35］Areni C S, Kim D. The influence of in-store lighting on consumers' examination of merchandise in a wine store ［J］. International Journal of Research in Marketing, 1994, 11（2）: 117-125.

［36］Babin B J, Darden W R. Consumer self-regulation in a retail environment ［J］. Journal of Retailing, 1995, 71（1）: 47-70.

［37］Baker J, Grewal D, Parasuraman A. The influence of store environment on quality inferences and store image ［J］. Journal of the Academy of Marketing Science, 1994, 22（4）: 328-339.

［38］Bakker R, Iofel Y, Lachs M S. Lighting levels in the dwellings of homebound older adults ［J］. Journal of Housing for the Elderly, 2004, 18（2）: 17-27.

［39］Biner P M, Butler D L, Fischer A R, et al. An arousal optimization model of lighting level preferences: An interaction of social situation and task demands ［J］. Environment and Behavior, 1989, 21（1）: 3-16.

［40］Blackwell O M, Blackwell H R. Individual responses to lighting parameters for a population of 235 observers of varying ages ［J］. Journal of the Illuminating Engineering Society, 1980, 9（4）: 205-232.

［41］Artal P, Ferro M, Miranda I, et al. Effects of aging in retinal image quality ［J］. Journal of the Optical Society of America, 1993, 10（7）: 1656-1662.

后 记 ≫

　　人类文明和科学技术的进步不断推动照明行业的发展，照明已成为人们生活中不可缺少的重要组成部分。人眼有追逐光的本能，有了光线，人的视觉才能感知环境的存在。视觉为人的活动和工作提供许多有用的信息，所以从某种意义上来说，照明设计也可以称为亮度设计。现代照明不仅仅关注积时的作业功效和作业疲劳，也关注瞬时的视觉效果，同时更关注照明设计营造的空间氛围和带给人的心理感受。

　　视觉是心理学研究的重要内容，光线是照明工程所考虑的重要因素，而环境则是建筑室内设计师所精心创造的重要对象。现代商业环境既是人们休闲购物的场所，也是一个集心理、照明、环境于一体的视觉场所，三者理念的外化表现为亮度设计所营造的购物环境氛围，这种氛围对商品的销售起着至关重要的作用。传统的家具商业展示空间照明设计大多注重构图、形式及美学等表象研究，往往缺乏从心理层面研究的隐性路线，从而影响高品质照明环境的构筑。如何将照明、环境及心理学研究结合起来？这就需要多学科知识的跨界整合。弗莱恩（Flynn）是第一个在照明研究领域应用奥斯古德心理学的人，在他的倡导下，这种方法已经成为研究人员在探讨视觉环境品质时所选择的主要工具。杨公侠是国内建筑照明、环境心理学和人类工效学研究的先驱者和开拓者之一，他系统梳理了照明、环境和心理学之间相互影响的关系。本书尝试使用他们所论述的思想和实验方法，试图阐明照明因素对现代家具商业展示空间环境视觉氛围的影响，以及它对人的行为和情绪的影响。

　　笔者选择照明设计作为研究的方向实属偶然。2006年我在博士论文的选题方向上颇费脑筋，期望选题既能结合导师的人类工效学研究方向，又要符合本人的兴趣所在。照明设计作为环境设计的重要组成部分，既有一定的实践价值，又有一定的科研价值，是心理、技术和艺术三者的有机结合。在大量的实践中，我感受到照明对于空间氛围的重要影响后，更加坚定了自己的选题方向，但前期苦于自身专业知识的差异和相关资料的匮乏，我在论文写作上感到无处着手。加之工作琐事缠绕，我一度想放弃选题，但又不甘心，不断寻找写作的思路和自信。2007—2010年，我在白天参加设计实践的同时，利用夜晚时间大量阅读外文参考文献、构思论文框架和钻研实验数据处理的理论基础。2010年由于两者实在不能兼顾而辞去设计工作，一直到2012年，这期间我往来于实验室、食堂以及校内出租房，过着"三点一线"的生活，一边做实验一边分析数据，严寒酷暑，不曾间断。前后经过近五年的研究、梳理和系统分析，我终于完成了博士论文。本书即是在博士论文的基础上进一步修改完善而成的。

　　一步步走来，我的母亲丁美英和妻子张慧对我给以全力支持，在我离家求学期间，是她们在家照顾年幼的儿子，在此我要衷心地感谢她们。

　　我的导师申黎明先生早年毕业于德国弗莱堡大学并获博士学位，他以高尚的道德品质熏陶着我，以严谨的学术素养影响着我，无数次给我讲授学科的前沿动态、研究思路以及研究感悟，使我从中汲取理论和实践的精华。从论文选题到论文修改与答辩，都离不开导师的热情关怀和精心指导。还记得2012年论文送审前，导师在学校风景园林学院旁边的小道上与我一起斟酌论文的细节问题，他那严谨求实的治学态度和质朴磊落的为人品格必将使我受益终身。

　　我要感谢瑞国际照明设计大中华区运营总监胡国剑先生。一次偶然的机会，我认识了当时还是同济大学在读博士的胡国剑先生，他的热情支持和鼓励坚定了我坚持此项研究的决心。

　　我要感谢山东工艺美术学院潘鲁生、董占军等校领导的策划统筹，感谢本套丛书副主编王任老师的协调督促，他们的支持和帮助使得这一成果得以成书，让更多的人分享。

　　最后感谢山东教育出版社的大力支持，感谢责任编辑李俊亭、王雪芃、付丽萍的辛苦付出，他们专业、细致的编辑工作，促成本书的顺利出版。

梅剑平

2022年6月